在家做100%超抗菌
清潔液體皂

【暢銷修訂版】

推 薦 序

從不懈怠的創作者

推薦序

1

還記得大約7年多前，當時手工皂還不是很流行，而大家只追求方便快速的合成洗劑產品的年代，因為手工皂原料而認識了靜儀，靜儀也就是今日手工皂同好所熟知的「糖亞」，她是這幾年來，少數對手工皂一直保有高度熱情，且工作上從不懈怠的創作者。

靜儀的**液體皂使用後的感覺會讓皮膚有一種清新、天然、滋潤的感覺**，這也是和市場上一些合成洗劑最大的不同之處，在使用者口中的洗不乾淨，滑滑膩膩的或是乾澀等負面的感覺，在液體皂上都不會看見，這也正是手工皂愛用者所追求的。

很高興靜儀出版了《自己作100%超抗菌清潔液體皂》，我誠摯的把這本好書推薦給大家，這是第一本由國人發行的液體皂專書，其針對亞洲環境、水質、氣候、設計出不同於歐美的配方、作法及添加物，讓液體手工皂不但能兼具清潔及滋養，而且更適合國人使用。

我相信這些必須投入大量時間與精力，才有辦法將配方完成，沒有相當的熱情及堅毅力是做不到的，對於手工皂同好者而言，這將是一本必備的參考工具書，相信透過這本書，也可以讓大家更了解天然液體手工皂作法及好處。

台北市藝術手工皂協會創會理事長　**姚昭年**

深愛手工皂

推薦序

2

神經學家Daniel Levitin曾經說過一句話「要成為某個領域的高手，必須經過10000個小時的錘鍊。」

糖亞最初開始接觸手工皂時，我們就認識了。當時她在自我介紹時平淡的說：「來這裡上GIA設計課只是為了圓我多年來的夢想，課程結束之後，我不會繼續在珠寶界發展。」然後在接下來的日子裡，她和幾個本科系（設計科藝術系）同學，一週五天連續近三個月天天都要完成一件作品，她都能夠把直徑3mm的圓形畫上色彩，就像一顆真的鑽石；從一件到一套，從簡單到困難，在空白的紙張上設計出一件又一件具有賣相，又能兼顧設計感的獨特作品。

非本科系的她和本科系的我們一起經歷所有過程，並且順利取得證書；當時的她，有那樣的表現，對照今日的她對於手工皂的堅持與熱愛程度，也一直是在我的意料中和預期外。她能夠在手工皂做得這麼好是我意料中的；但她又能夠這麼久的時間不被影響甚至同化，卻是我預期之外的。

將近八年的時間，經過60000多個小時歷鍊！糖亞對手工皂的耐力和熱情是令人佩服的。

珠寶設計師 **強尼貝勒**

推薦序 3

堅持與熱情

從來沒想過我可以幫別人的書寫推薦序，而且第一次就是為我的前輩而寫，這讓我倍感惶恐但也驕傲萬分！

遙想，4年前剛踏進手工皂這條不歸路時，所看第一本的工具書就是糖亞老師所寫的《真愛全身手工護膚香皂DIY》，我笨手笨腳，照著步驟所操作的第一款手工皂是書中的舒緩薰衣草皂，苦等熟成期之後，我才第一次了解所謂的「震撼洗感」是什麼，我想，我與糖亞老師的許多第一次是大家所不知道的吧！

在我的手工皂生涯中，糖亞老師扮演著很重要的角色，**她的工具書簡易好讀，讓我一個大男生也可輕鬆作出如圖片般漂亮的手工皂，而且非常好洗！**她的堅持與熱情把手工皂帶進另一個更高的層次，提供我更多的思考空間，她的人樂於分享，往往提醒著我，也要像她一樣，將所得到的分享於他人，這樣世界才會更美好。

當年我看著糖亞老師的書所製作的舒緩薰衣草皂，至今我仍留下一塊作為紀念，看著它的色彩退去，香味已逝，我告訴自己，我很高興由糖亞老師開門讓我走入手工皂這個世界，也希望糖亞老師的這本新書，能讓大家跟我有相同的感動。

台灣手工皂推廣協會創會理事長 **石彥豪**

作 者 序

手工皂，徹底改善我的異位性皮膚炎

回頭一看，接觸手工香皂已經過了七個年頭。以前飽受異位性皮膚炎及內分泌失調所苦，滿臉痘痘、皮膚乾燥發癢，到了夏天皮膚會脫皮，冬天會乾裂甚至流血，長期下來花了不少醫藥費。

皮膚的不適感造成我許多困擾，皮膚科醫生告戒不能使用任何清潔用品，於是我只能用清水洗臉、洗澡，直到兩、三個星期後，**一位同事送了一塊手工香皂，用了一個禮拜後，我的皮膚狀況竟神奇的得到改善，紅腫的痘痘復原了，皮膚也不再乾燥脫皮**，從此以後，我就投入手工皂的世界而無法自拔！

看過數次皮膚科醫生，醫生都說我的皮膚敏感，不能使用市售的清潔用品，不論是洗面乳、沐浴乳、甚至洗髮精，都會有化學物質殘留在表面肌膚，**這些化學物質無法分解，只會傷害人體肌膚，甚至破壞免疫系統**，於是我到處搜集資料，就是想作出最適合自己膚質的手工皂。

手工皂清潔力佳，非常天然及環保，而且不會傷害肌膚，**24小時之內就能完全被分解，不用擔心會殘留任何化學藥劑在皮膚上。**慢慢的，我研究出許多心得，七年前，成立了「糖亞手工皂概念館」，想讓更多人知道手工皂的好。

幫助「問題」肌膚獲得改善，是我最大的成就

這些年，見證了許多使用手工皂後改善肌膚的成功案例。**曾經有位皂友，長年的濕疹讓她傷口無法癒合，怵目驚心的肌膚，讓我看了毫不猶豫的送她一塊手工皂試用，一週後她的傷口奇蹟般的開始結痂**，肌膚也漸漸復原好轉。

◀ 專心致力推廣手工皂近八年，糖亞最大的成就，來自於看見皂友肌膚逐漸獲得改善。

還有一位媽媽，因為小孩有皮膚乾癢的問題，睡夢中更是會不自覺的抓破皮膚，床單上可見一點一點的血漬，讓人聽了非常心疼與不捨，於是我開始教這位媽媽做手工皂，小孩使用後，皮膚問題也改善許多，但是如果一停用，乾癢問題又會復發。

這位媽媽是位忙碌的會計師，但是為了小孩，她下了班還是親自製作手工皂，讓我感受到母愛的偉大，也就是這份愛，支持我繼續製作及推廣手工皂的動力。**這些年，改善了許多皂友的問題肌膚**，而我，對於各式材料與膚質也有更全面性的了解，可以藉此幫助到更多人，**是我最大的成就。**

▲ 自己動手做，更能體驗液體皂的樂趣。

自製清潔皂，回歸天然無毒的生活

利用天然手工皂改善皮膚問題後，我發現生活之中，還是充斥著許多化學用品，舉凡洗衣精、洗碗精等各種清潔用品，它們裡面含的活性界面劑、起泡劑、增稠劑等，**雖然肉眼看不見，但是卻會殘留在肌膚上，導致無法代謝，造成皮膚油脂剝落，甚至破壞肝腎等器官。**於是我開始研究液體手工皂，相對於固體皂，液體皂使用上更加便利。天然的成分，希望能讓大家更安心的使用，一同取代市售的清潔用品，保護我們的身體與環境。

這本書針對了潔顏、沐浴、洗髮、清潔環境等，設計了許多貼心實用的配方，而且**液體皂製作簡單，成功率非常高，只要調好配方，按著書裡的步驟及QRCode影音教學，一起動手作，就能成功做出適合自己的天然清潔用品。**從今天開始，大家開始**停用各種化學清潔用品**，試試看自製DIY液體清潔皂吧！你會發現液體皂的去污力與清潔力，以及帶給身心自然零污染的感受，是前所未有的體驗！

能夠出版《在家做100%超抗菌清潔液體皂》，是我一直以來的心願，感謝這些年家人的支持與伙伴的共同努力，更感謝出版社用心認真的製作，讓這本書的內容更加豐富。液體手工皂和固體皂的作法很類似，對於沒有接觸手工香皂的朋友來說，一點都不困難，而已經有製作經驗的朋友更是沒有問題，希望這本書能夠幫助大家認識液體手工皂，也能增加手工皂的實用性。

謹將這本書獻給所有支持我的人，因為有你們，我才有堅持的動力！
同時，也獻給我親愛的媽媽。謝謝您！

CONTENTS

PART 1 遠離化學毒害

天然無毒好安心

PART 2 身體清爽殺菌配方

清潔抑菌同時改善問題肌膚

PART 3 碗盤衣物潔淨配方

輕鬆去除難洗的油漬髒污

PART 4 環境清潔抗菌配方

打造純淨無毒的居家空間

特別收錄

PART 5 寵物專用配方

給寵物安心溫和的呵護

PART 1

遠離化學毒害

天然無毒好安心

從今天開始，停止使用化學清潔用品吧！
使用抗菌清潔液體皂，才能避免化學藥劑的殘留，幫你杜絕危害健康的隱形殺手！

市售清潔用品在居家環境及辦公室中隨處可見，不論是洗碗精、洗手乳、洗髮精、洗面乳、浴廁清潔劑等，消基會調查顯示，有高達七成五的市售清潔用品都是屬於強酸或強鹼，而商人為了銷售及保存方式等，會添加對人體無益的化學成份，而這些就成為我們居家環境的隱形殺手。

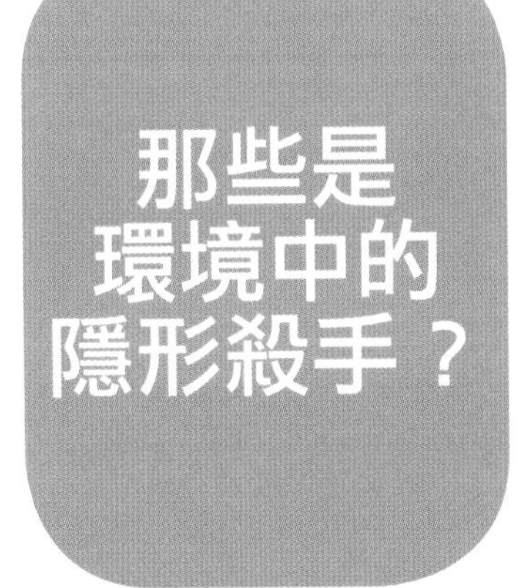

界面活性劑

用途 以石油為主要原料的石化清潔劑，能破壞水和油脂的表面張力，而將髒污去除，具強力起泡力及去油作用，**常見於洗髮精、洗衣精、潤絲精、沐浴乳、洗碗精、地板清潔劑等各種家用清潔劑。**

傷害 會使皮膚油脂剝落，**破壞細胞膜，使肌膚乾澀粗糙**，對富貴手等皮膚過敏疾病會更加惡化，而接觸皮膚的活性劑累積濃度增加時，會對肝腎、腦神經系統產生破壞，**誘發癌症，甚至造成流產不孕。**

甲醛（福馬林的主要原料）

用途 具有消毒防腐作用，是一種刺激性氣體，用來浸泡病理切片及人體和動物標本，有些**殺蟲劑、防蚊液、除蟲滅菌劑、芳香劑甚至沐浴乳都含有甲醛成份。**

傷害 長期吸入低劑量的甲醛會**引起慢性呼吸道疾病**、結膜炎、咽喉炎、哮喘、支氣管炎等慢性疾病，還會**引起女性月經紊亂**、妊娠綜合症，使新生兒體質減弱、染色體異常。

螢光劑（螢光增白劑）

用途 螢光劑是一種致癌物質，會讓人在視覺上產生潔白的假象，但**並無清潔效果**，常用於洗衣粉、柔軟精、讓衣物看起來潔白乾淨。

傷害 若穿上含有螢光劑的衣服，一旦和皮膚接觸，會破壞皮膚的酸鹼值，而產生**刺激導致皮膚搔癢、過敏或發炎紅腫，甚至引起皮膚癌。**

起泡劑、乳化劑

用途 利用月桂硫酸鈉來產生大量的泡泡，但卻是**以化學作用來達到清潔效果**，常用於洗面乳、洗髮精、沐浴精、及多用途清潔劑。

傷害 長期使用含有起泡劑的產品會**使皮膚毛囊阻塞、長粉刺、皮膚泛紅起疹**，嚴重會造成體內代謝異常、免疫力降低；**洗髮產品則會造成脱髮、毛鱗片阻塞等現象。**

化學增稠劑

用途 主要功能為增加黏稠度，達到理想的使用狀態，提高穩定性，常見於**洗髮精、洗衣精、沐浴乳、洗手乳等濃稠乳狀清潔用品。**

傷害 化學增稠劑不易分解，用於洗髮用品會損害頭皮的皮脂層，且造成皮膚敏感，細胞受損，抑制生長，**長期過度使用容易引發老人癡呆症疾病。**

矽靈

用途 矽靈用於洗髮產品，是一種人工合成的「類油脂物質」，一旦接觸到頭髮，就會把毛鱗片之間的空隙填滿，而有滑順的觸覺，讓**一般人常誤以為矽靈有滋養髮絲的作用。**

傷害 矽靈不溶於水，所以無法徹底的洗淨，反而會隨著使用的次數越多，而使**頭髮毛孔阻塞，無法呼吸，會造成後續護髮品無法滲透**，甚至會造成頭皮發癢、落髮的現象。

合成香料

用途 利用化學合成方法製作，為了增添氣味及銷售之便，常用於各式清潔品或衣物柔軟精，如衛浴清潔劑會添加檸檬香氣、或是薰衣草洗衣精，但**只有模仿的氣味，不含任何清潔作用。**

傷害 合成香料不僅會造成空氣污染，有些會釋放出有毒氣體，如甲苯等致癌物質，容易刺激呼吸道，**而造成呼吸道發炎感染、鼻塞打噴嚏等現象。**

▲ 市售清潔用品所蘊含的化學藥劑會對人體造成慢性傷害，從今天起應馬上停止使用。

從今天起，就用天然的液體皂吧！

空氣中的塵蟎含量驚人，容易引起過敏打噴嚏，而許多過敏體質的人，也慢慢增加，防止塵蟎孳生最好的方法，就是使用天然的清潔用品來打掃居家環境，市售的清潔用品雖然標榜強力去污，但是化學物質會危害人體健康，不易分解，造成環境污染，為了保護環境也保護自己，使用天然的清潔用品，無疑是環保健康的方式。

這些清潔劑的有毒化學物質的殺傷力都不是立即性的，也因此成為我們生活的隱憂，其實當你在清潔廚房、浴廁、或潔顏沐浴時，同時也正在將有毒的化學物質吸入體內，甚至擦在身上了，因此要教你自製天然的液體皂，來取代市售的清潔用品，**不僅能達到清潔和抗菌功效，而且材料取得容易，成份天然，在24小時內即可分解成二氧化碳及水，不必擔心會有化學物質殘留**，為了杜絕毒害生活，從今天起，就開始使用天然的液體皂吧！

什麼是液體手工皂？

液體手工皂顧名思義，就是液狀的手工香皂，固體皂是油脂和「氫氧化鈉」結合，而液體皂是油脂和「氫氧化鉀」結合，**製作步驟簡單，而且成功率高**。液體皂完成時是呈現固狀的皂糊型態，只要依個人的需求再加入水和精油稀釋，就變成我們熟悉的液狀清潔用品，稀釋後呈現自然澄澈的琥珀色，不用再刻意改變自己的生活習慣，不管是洗臉、沐浴或是清潔居家環境，都讓我們在使用上更加便利與安心。

液體皂的三大優點

1. 等待時間短。固體皂風乾後約要等待3～5週才可使用，液體皂保溫後，**只要等待約2週即可稀釋使用。**
2. 使用方便。彈性大，沒有硬度（INS）的考量，**是平常習慣使用的液體狀態**，有些人會覺得固態洗髮皂不方便使用，液體皂則不會有這種困擾。
3. 用途廣泛。可用於身體及清潔用品（洗衣服、洗碗、擦地板、衛浴）不含任何化學藥劑，甚至於頭髮、臉部都能使用，無毒環保兼具清潔滋潤功效，**含有天然的甘油能滋潤保護肌膚。**

零失敗！自製抗菌清潔液體皂

製作液體皂時是在油脂加熱到70～80℃時加入鹼液混合，一般人的迷思會以為這是「熱製法」，這是錯誤的觀念。所謂真正的「熱製法」，是在製作過程中持續不斷的加熱，這樣的作法容易使油脂的養分流失，而為了要確保液體皂100%成功的皂化，我發現在油脂加熱達到70～80度C後，不用等待油脂降溫，就直接加入鹼液混合攪拌，這樣就能成功的製作出清潔功效良好的液體皂，安全又方便，成功率也很高。

針對居家清潔、抗菌、改善問題肌膚，我設計了不同的配方，只要按照配方及步驟一步一步完成，就能擁有天然的液體皂清潔用品，不但成份溫和，具有清潔去污效果，而且依個人的需求加入適合的精油，就能達到抗菌殺菌、保養、滋潤、修復、防霉防蟎等功效，天然的香氣和功效身體馬上就能感受到，不論是清潔身體、居家環境，甚至嬰兒和老人都可以使用喔！

◀ 天然的液體皂透明澄澈，沒有化學藥劑殘留的負擔，令人放心。

1 油脂

製作液體皂最重要的材料之一就是油脂，如果想要製作洗臉或沐浴皂，可以用椰子油來搭配玫瑰果油或甜杏仁油等營養價值較高的油品，如果想要有卸妝效果，可以再搭配酪梨油，不僅對肌膚有滋養保護的作用，而且也能達到深層清潔的效果，如果要製作「家事皂」，就可以使用椰子油搭配橄欖油或芥花油，能產生大量的泡泡，洗淨力也很好，而製作「洗髮皂」就可以用椰子油搭配荷荷芭油，可以幫助清潔頭皮油脂，**液體皂最大的好處就是每項油品都能互相搭配，彈性很大，沒有軟油硬油的限制，除了不皂化物含量高的油品建議用量為5%之外，其他油脂的用量都能互相搭配。**也就是說，你可以選擇100%都使用椰子油，也可以100%都使用橄欖油來製作液體皂，可依個人需求用途來搭配。

〔 **油品特色及功效一覽表** 〕

名稱	特色	功效
椰子油	能產生豐富柔細的泡沫，具完美的洗淨力及起泡度。	在秋冬時呈現白色的固態硬性油脂，是製作手工皂不可或缺的油品之一。起泡度和清潔力極佳，可以搭配橄欖油、芥花油，使用起來更滋潤溫和。
橄欖油	保濕性強，能賦予肌膚修復彈性的功能。	有「油中極品」之美稱，富含維他命和礦物質，擁有豐潤細膩的泡沫，洗完肌膚光滑年輕有活力，特別能改善受損老化或問題肌膚，保濕和滋潤度極佳，但油性肌膚的人使用較容易長痘痘。
蓖麻油	洗感溫和滋潤，能美白修護肌膚。	為軟性液態油脂，油中的「蓖麻酸醇」成份，對頭髮肌膚有柔軟保濕的功能。起泡度和透明度佳，容易溶解於其他油中，能作出澄澈的液體皂。
可可脂	能修復乾燥膚質，滋潤度極優。	常溫下為固態油脂，有淡淡的可可香氛，保溼潤澤度極優，能幫助皮膚形成保護膜，防止水份的流失。可提升液體皂的厚實感及耐洗度。

名稱	特色	功效
芥花油	保濕力強，洗感清爽不黏膩。	屬於軟性油脂，又稱「芥菜籽油」，泡沫綿密細緻，保濕力強，價格也很平實，建議搭配硬性油脂使用（如椰子油、棕櫚油）效果更佳。
甜杏仁油	滲透性高，能改善發癢乾燥的肌膚。	親膚性極優，能產生持久保濕的泡沫，可與任何植物油調合，洗後感覺非常溫和清爽，很適合敏感性肌膚和嬰兒肌膚。
棕櫚油	可作出質地溫和的液體皂。	清潔力溫和，本身起泡度較少，可搭配椰子油使用能產生豐富的泡泡，如用量適當，能增加液體皂的厚實度。
棕櫚核油	屬於硬性油脂，洗淨力強。	從棕櫚果核提煉出的油品，屬性類似椰子油，洗淨力和起泡度都不錯，但添加過多會使皮膚感到乾澀。
酪梨油	能深層清潔，淡化黑斑、撫平細紋。	具強效滋養，容易吸收，適合乾性肌膚使用，保溼卻不油膩，能深入毛孔清潔。製作液體皂時建議選擇精製酪梨油，未精製酪梨油帶有雜質，入液體皂品質較不穩定，液體皂容易酸敗。
椿油	抗菌及保溼性佳，能去角質深層淨化。	能清潔護膚，幫助去除老廢的角質，修復的同時還能給予滋潤度，也很適合作洗髮皂，能調理頭皮的油膩，頭皮屑、頭皮癢等症狀。
米糠油	可抗老化，滋養美白肌膚。	有柔軟滋潤功效，常用來作化妝品或護髮品，可保濕肌膚及抵抗氧化，質地溫和，很適合嬰兒膚質及熟齡肌膚的人使用。
荷荷芭油	能形成保護膜，並深度滋養肌膚。	保護性佳，常用於洗髮護髮產品，能抗氧化不容易變質，對於肌膚也有保濕及修復功效，可預防皺紋，適合熟齡和乾性問題肌膚使用。
乳油木果脂	鎖水性佳，很好吸收，能滋潤修復肌膚。	常態下呈固態，具有高度鎖水性及保溼度，具防曬作用，敏感性、中乾性、嬰兒及曬後肌膚皆適用，也可作成護髮品。

名稱	特色	功效
葵花油	軟性油脂，鎖水性和保溼度皆優。	含豐富維他命E，可抗氧化預防衰老，滋潤度極佳，洗後不乾澀，能保住肌膚的水分
天然蜜蠟	能滋養柔軟皮膚，能抗菌及抗氧化。	是蜂巢加溫後所提煉出的黃色蜜蠟，常用於乳液、護唇膏等化妝品，而蜜蠟中的「蠟黃酮」有抗菌及抗氧化的特性。
苦茶油	滋潤度佳，可改善頭皮問題。	能洗出細緻的泡泡，滲透性佳，洗感溫和，可滋養肌膚及保護髮絲，能改善頭癬，殺菌止癢，脱髮現象，使頭髮烏黑有光澤。
芝麻油	保濕效果優，能幫助皮膚再生。	富含蛋白質、礦物質、維他命、卵磷脂、等營養素，能改善乾癬、濕疹、風濕、關節炎，有優良的保濕效果，具防曬作用。
榛果油	軟性油脂，保濕力很持久。	能活化肌膚，質地滋潤清爽，起泡度較少，但保濕力很強，未使用完請放入冰箱冷藏保存，以免變質。
開心果油	可抗老化，滋潤髮膚。	富含維生素D、E，滋潤溫和，很容易被皮膚吸收，可直接塗抹在皮膚上按摩護膚，也可作洗髮皂，能滋養髮絲。
月見草油	可改善問題肌膚，具消炎作用。	含有珍貴的護膚成份，富含亞麻油酸等礦物質，能治療乾癬、濕疹，異位性皮膚炎等問題肌膚，容易氧化，未使用完應放冰箱冷藏，以免變質。
玫瑰果油	可淡化疤痕，保濕性極優。	富含維生素C、E、脂肪酸、亞麻油酸等維生素，能幫助肌膚的膠原蛋白增生，改善細紋，恢復肌膚彈性，屬於高單價的油品。
葡萄籽油	具長效保濕力，能活化細胞。	能預防色素沉澱，恢復肌膚光澤彈性，防止皺紋增生，改善粉刺現象，洗感清爽不乾澀，適合敏感性膚質使用。
大豆油	屬軟性油脂，保濕性佳。	營養價值高，很容易被皮膚吸收，可以滋潤及軟化肌膚，洗出的泡泡持久豐富。

2 精油

每種精油除了有特殊香氣還有特定的功用及療效，對身體的不適及環境的改善，都有相當程度的幫助，我們也依精油的功效，列出了清潔抗菌排名的精油，只要適當加入，雖然增加一些成本，但改善後的情形是我們意想不到的，精油份量約在總油重的2%～3%，要注意份量不要過度添加，否則會傷害肌膚。

▶ 精油除了香氣，還兼具抗菌殺菌的效果，對清潔環境有很大的幫助。

〔 **精油抗菌排名及功效一覽表** 〕

抗菌排名	名稱	特色	功效
1	**茶樹精油**	抗菌效果為最優，是痘痘的潔膚聖品。	對於傳染性病毒也能有很好的治癒效果，能消毒殺菌，改善呼吸不順、鼻塞、喉嚨疼痛。可改善痘痘的化膿現象。用於家事皂，可以防止黴菌，強力分解油污。
2	**藍膠尤加利精油**	清潔力和抗菌效果優，能幫助肌膚再生。	能治療發燒、發炎、也可用來按摩肌肉、消除酸痛。用於清潔環境的家事皂，有潔白除菌的功效，對於肌膚有傷口發炎者，可促進組織新生，再生活化細胞。
3	**迷迭香精油**	能抵抗流行性病毒，是很棒的天然抗菌劑。	能收斂緊實肌膚，改善浮腫，緊緻臉部輪廓，改善肌膚搔癢，用於洗髮皂，可以改善頭皮屑，去除髮絲頭皮油膩的感覺。

抗菌排名	名稱	特色	功效
4	山雞椒精油	屬於氣味最芳香的抗菌精油、有良好的殺菌及除臭功能。	能消除黴菌，改善肌膚紅腫的現象，還有收斂緊實肌膚的功效，能改善痘痘、濕疹，適合油性肌膚及痤瘡肌膚使用，特性溫和不會引起過敏。
5	法國薰衣草精油	消炎效果強，有助傷口癒合，鎮靜消炎。	氣味讓人平靜舒緩，能消除頭痛、舒緩壓力，對於皮膚炎、皮膚乾裂粗糙等問題肌膚，有止痛、消腫、止血癒疤的修復作用。
6	香茅精油	可殺菌除蟲，消除塵蟎與異味，改善蚊蟲叮咬的不適。	能驅蟲、除蚊，也可幫寵物驅除跳蚤，能治療喉嚨痛、發炎，和法國薰衣草精油及茶樹精油一起使用，能治療腳臭及腳汗，抗菌效果佳。
7	快樂鼠尾草精油	能舒緩氣喘、呼吸道不適，消炎抗菌效果佳。	能振奮疲憊的精神，用於皮膚能改善濕疹、毛孔粉刺粗大，平衡油脂過度分泌的現象，還可抗感染，用於洗髮皂可淨化油膩的頭髮，有效去除頭皮屑。
8	松精油	除臭和消毒的效果佳，也有助於傷口的復原。	有助於改善坐骨神經痛，關節炎、肌肉酸痛、僵硬等不適，也能改善濕疹乾癬等問題肌膚，屬性有些刺激，敏感性肌膚使用時劑量濃度不要太高，約為總油量的1%。
9	雪松精油	可以消炎化痰，能改善支氣管炎、咳嗽、急性流鼻水等問題。	有抗菌收斂的特性，能改善油性肌膚的面皰與粉刺肌膚，及濕疹乾癬等慢性疾病，加入同樣份量的絲柏精油，能去除頭皮屑，護理髮絲。
10	薄荷精油	舒緩頭痛不適，能排毒消淤，改善皮膚紅腫。	強烈清涼香氣、能幫助調理油性膚質，改善粉刺，柔軟肌膚，刺激細胞增生。暈車時能紓解頭暈噁心的感覺，減輕旅途勞累的疲勞。
11	玫瑰草精油	有安定作用，抵抗細菌的孳生，具保濕性。	能滋養乾燥肌膚，消除細紋，氣味溫和清甜，能安撫抑鬱不安的情緒。和茶樹精油一起使用，還能改善香港腳，預防黴菌孳生。

抗菌排名	名稱	特色	功效
12	**廣藿香精油**	可消炎抗痘，改善脂漏性皮膚炎及濕疹。	有刺激細胞再生，促進傷口結疤，抗發炎的作用，對皮膚問題特別有效，如濕疹、蜂窩性組織炎、黴菌感染等都適用，對於粉刺和化膿痘痘也能有效改善。
13	**檸檬精油**	抗菌度及清潔力佳，可淡化疤痕。	能溫和美白，去除老廢細胞，使肌膚明亮，淡化斑點疤痕，如果用於家事皂，清潔力高，有殺菌除臭的作用。
14	**甜橙精油**	能抵抗病毒感染，美白肌膚。	富含維他命C，能促進新陳代謝及淨化膚質，消除緊張壓力，適合乾性肌膚，能改善皮膚乾燥，減少皺紋的增生。
15	**花梨木精油**	有良好的驅蟲效果，能預防老化。	屬性溫和，敏感性肌膚和乾燥肌般都能使用，也有抗菌的功效，還能預防老化，增加肌膚光澤，保濕滋潤度佳。
16	**醒目薰衣草精油**	可淨化空氣，有殺蟲除蚊的功效。	可搭配與其他薰衣草精油一起使用，可以改善感冒、鼻竇炎等呼吸性疾病。帶點樟腦氣味能提振精神，價格較法國薰衣草精油便宜。
17	**綠花白千層精油**	可抗菌防黴，能治療痘痘膿瘡。	氣味清新，有抗發炎和解毒功效，搭配茶樹精油一起使用，可改善輕微的香港腳，能改善蚊蟲咬傷的發癢不適。
18	**沉香醇百里香精油**	能殺菌抗炎，幫助傷口癒合。	具殺菌功效，能對抗感染治療濕疹問題，幫助傷口癒合，改善肌膚搔癢，改善寵物體臭的根本問題。
19	**伊蘭伊蘭精油**	能促進頭髮增生，平衡油脂分泌。	可滋養乾燥脫皮的肌膚，用於洗髮皂，能活化毛躁的乾性髮絲，使頭髮更具光澤，搭配薰衣草精油使用，能放鬆緊繃的情緒。

3 稀釋皂糊的液體

除了用自來水和礦泉水來稀釋皂糊之外，也可用純露來稀釋，純露是植物在蒸餾精油後所萃取出來的液體，特性與精油相近，不含酒精且有自然香氣，質純溫和，很適合老人、小孩和體弱的人使用。

而家中的食材或中藥也可以用來稀釋皂糊喔。比方說：洗米水能提昇液體皂的溫和清潔力，甘草水能鎮靜消炎，綠茶水可以除臭，這些都是隨手可得的材料所製成，既能降低成本，又兼具清潔保養功效。

▲ 純露為透明無色的型態，在挑選時可注意成份說明中是否有「AQUA」的字樣，這樣才不會買到由精油和水的混合品，而白白花了冤枉錢。

▶ 隨手可得的中藥或是食材，再經過浸泡或熬煮，都可以用來稀釋液體皂，還能提昇效能。

〔各種稀釋液一覽表〕

<table>
<tr><th>名稱</th><th>主要材料</th><th>功效</th><th>購買方式／作法</th></tr>
<tr><td>洋甘菊純露</td><td>洋甘菊</td><td>能撫平過敏，緊緻毛孔，用於洗髮皂能讓髮絲順滑柔潤。</td><td rowspan="8">可至手工皂材料店、化工材料行、香草專賣店、百貨公司專櫃購買。</td></tr>
<tr><td>永久花純露</td><td>永久花</td><td>有癒合消炎作用，能保濕乾燥老化的肌膚。</td></tr>
<tr><td>薄荷純露</td><td>薄荷</td><td>清涼止癢，消除痘痘紅腫，改善不適感。</td></tr>
<tr><td>橙花純露</td><td>橙花</td><td>能幫助油脂平衡及縮小毛孔有安撫放鬆作用。</td></tr>
<tr><td>檸檬純露</td><td>檸檬</td><td>去除老化角質，淡化雀斑，使肌膚明亮白皙。</td></tr>
<tr><td>茉莉純露</td><td>茉莉花</td><td>適合乾燥缺水的肌膚，能深層滋養。</td></tr>
<tr><td>玫瑰純露</td><td>玫瑰</td><td>有保濕嫩白的功效，使肌膚緊實有彈性。</td></tr>
<tr><td>蘆薈水</td><td>蘆薈</td><td>可鎮熱消腫，安撫曬傷肌膚，有保濕效果。</td></tr>
<tr><td>香茅水</td><td>新鮮香茅
乾燥香茅</td><td>氣味清香，能除蚊驅蟲，消腫止痛。</td><td>水與香茅比例約4：1，例如要製作200g的香茅水，就使用50g的香茅葉，新鮮香茅和乾燥香茅的用量一樣，可至青草店購買。</td></tr>
<tr><td>甘草水</td><td>甘草</td><td>清熱解毒，可鎮靜紅腫悶熱的肌膚。</td><td>甘草可至中藥店購買，將甘草放入滾水煮10分鐘後，再將甘草濾除，水與甘草的比例約10：1，例如要製作300g的甘草水，就使用30g的甘草。</td></tr>
<tr><td>洗米水</td><td>米</td><td>能提昇清潔度幫助洗淨，有柔軟衣物的作用。</td><td>家中洗完米留下的洗米水。</td></tr>
</table>

名稱	主要材料	功效	購買方式／作法
綠豆水	綠豆	能吸附油脂，清熱解毒，治療痘痘膿胞問題。	將生綠豆浸泡在煮沸過的冷水24小時後，再將綠豆濾除，水與綠豆的比例約2：1，例如要製作300g的綠豆水就使用150g的綠豆。
蜂蜜水	蜂蜜	能增強肌膚保水度，兼具柔軟與保濕功效。	水和蜂蜜的比例約15：1，如果製作300g的蜂蜜水，就加入20g的蜂蜜即可。
紅茶	紅茶葉	可消除水腫，收斂毛孔。	使用市售的紅茶包加熱水沖泡即可。
牛奶	牛奶	滋養肌膚，能溫和修護，提升保濕力。	使用市售的牛奶即可。
無患子水	無患子粉	能清潔去污，用於洗髮皂能強韌髮絲，可改善皮脂腺分泌旺盛而引發的皮膚病。	水與無患子粉的比例約5：1，如要製作500g的無患子水就用100g的無患子粉。將無患子粉加入滾水中熬煮20分鐘後，將殘渣濾除，靜置放涼後即可使用。
綠茶水	綠茶粉	能平衡油脂分泌，改善毛孔粗大的問題，還有除臭的功效。	水與綠茶粉的比例為12：1，如要製作250g的綠茶水就用20g的綠茶粉。將綠茶粉加入熱水中浸泡5分鐘後，再將殘渣濾除後，靜置放涼後即可使用。
有機葫蘆巴水	有機葫蘆巴粉	能去除粉刺、改善濕疹，滋潤修復肌膚。	水與葫蘆巴粉的比例為12：1，如要製作250g的葫蘆巴水就用20g的葫蘆巴粉。將葫蘆巴粉加入熱水中浸泡5分鐘後，再將殘渣濾除後，靜置放涼後即可使用。
迷迭香水	乾燥迷迭香	能收斂抗菌、淡化細紋，改善老化的肌膚。	水與迷迭香的比例為3.75：1，如要製作300g的迷迭香水就用80g的迷迭香。將迷迭香加入滾水熬煮10分鐘後，再將殘渣濾除，靜置放涼後即可使用。
咖啡	研磨咖啡粉 咖啡渣	清潔髒污，徹底消除異味。	濃縮咖啡的製作方式與一般飲用方式相同，也可用咖啡渣，用量為研磨咖啡粉的2倍，咖啡渣可至連鎖咖啡店免費索取，方便又省錢喔。

＊ 上述的比例計算：水與迷迭香的比例為3.75：1，如果要製作300g的迷迭香水，就以300÷3.75=80，那麼迷迭香的用量為80g。

液體手工皂的配方計算

液體皂主要組成的三大要素有「氫氧化鉀」、「油脂」、「水」，而「精油」可以提昇液體皂的功效，液體手工皂無須考慮軟硬度（INS）的問題，因此在配方的搭配上沒有什麼太大的限制，只需要考慮兩個重點：

1．使用需求

如果是針對家事打掃使用的家事皂，清潔力和抗菌力的配方就會是首要考量，可挑選清潔力起泡的椰子油，搭配有抗菌效果的藍膠尤加利精油或茶樹精油。

▲若不皂化物含量高的油脂含量太高，釋稀後的液體皂會分離成二層。

2．油脂皂化比例

所謂皂化比例就是「**油脂在皂化後，變成肥皂的比例**」，如果變成肥皂的比例不高，就代表它是不皂化物含量高的油品，在稀釋後的液體皂中，會分離成兩層，一層為透明的皂化物，一層即為不透明的不皂化物，不皂化物即使會起泡，但卻不具任何清潔力，所以在搭配油品的用量上要非常注意，使用不皂化物含量高的油品時，注意**用量不要超過總油重的5%**。而**不皂化物含量較高的油品有：棕櫚油、白棕櫚油、乳油木果脂、天然蜜蠟、荷荷芭油、白油**，在用量上要特別注意。

舉例說明 若總油重是300g，若要使用棕櫚油入皂，300×5%＝15→棕櫚油用量不能超過15g。

成份一　氫氧化鉀的用量

每種油脂有不同的「皂化價」，而皂化價所代表的是「**皂化每1公克油脂所需的鹼質克數**」，而氫氧化鈉和氫氧化鉀的油脂皂化價又有些許不同，因此這邊計算時要特別注意。

氫氧化鉀用量＝（A油重×A的皂化價）＋（B油重×B的皂化價）＋……

舉例說明 配方為椰子油200克，可可脂10克，蓖麻油40克（總油重為250克）
查下表可知：椰子油皂化價0.266，可可脂皂化價0.1918，蓖麻油皂化價0.18。
所以製皂時，所需的氫氧化鉀用量如下：

氫氧化鉀用量＝200×0.266（椰子油）＋10×0.1918（可可脂）＋40×0.18（蓖麻油）＝62.318 →可四捨五入為62（克）

〔 **油品皂化價一覽表** 〕

油脂種類	英文名	氫氧化鉀／KOH
椰子油	Coconut Oil	0.266
橄欖油	Olive Oil	0.1876
蓖麻油	Castor Oil	0.18
可可脂	Cocoa Butter	0.1918
芥花油	Canola Oil	0.1856
甜杏仁油	Almond Sweet Oil	0.1904
棕櫚油	Palm Oil	0.1974
棕櫚核油	Palm Kernel Oil	0.2184
酪梨油	Avocado Oil	0.1862
椿油（苦茶油）	Camellia Oil	0.191
米糠油	Rice Bran Oil	0.1792
荷荷芭油	Jojoba Oil	0.0966
乳油木果脂	Shea Butter	0.1792
葵花油	Sunflower Seed Oil	0.1876
天然蜜蠟	Beeswax	0.0966
芝麻油	Sesame Seed Oil	0.1862
榛果油	Hazelnut Oil	0.1898
開心果油	Pistachio Oil	0.1863
月見草油	Evening Primrose Oil	0.19
玫瑰果油	Rosehip Seed Oil	0.193
葡萄籽油	Grapeseed Oil	0.1771
大豆油	Soybean Oil	0.189

成份二　水份的用量

製作液體皂要計算兩種水量，一個是溶解氫氧化鉀所需要的水量，另一個是溶解皂糊所需要的水量。

溶解氫氧化鉀所需的水量＝氫氧化鉀用量 X 3倍

舉例說明

如前例所述，氫氧化鉀的用量為62克，那麼62 X 3＝186，也就是說溶解氫氧化鉀的水量為186克。

★如果家中只有一般的磅秤，為了方便測量，可以用185克的水量來溶解氫氧化鉀，上下差距1～2克對成品不會有影響。

溶化皂糊所需的水量＝總油重X 1～2倍

舉例說明

如前例所述，總油重為250克，那麼溶化皂糊所需的水量最少為250克，最多可至500克。

小妙方

idea

用完的瓶罐不要丟掉喔！

家中用完的瓶瓶罐罐，不要急著丟掉喔，你可以用來裝稀釋好的液體皂，就不用再另外花錢買瓶子了，能同時達到節省與環保的訴求，一起為地球盡一份心力，何樂而不為呢。

▲家中的瓶罐可再利用拿來裝液體皂。

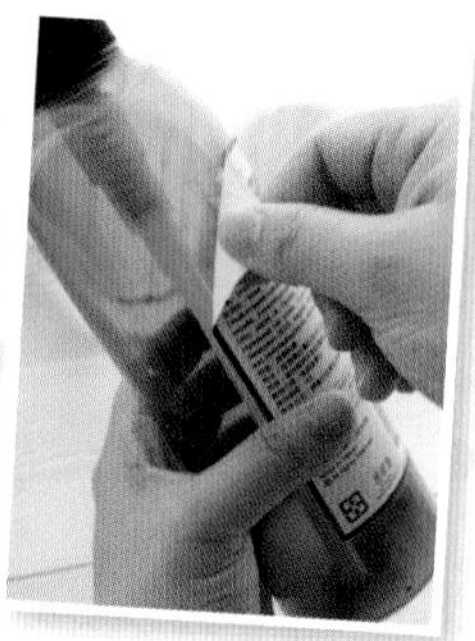

▲將原本的標籤撕掉，用來裝自己愛用的液體皂，環保又省錢。

DIY 工具介紹

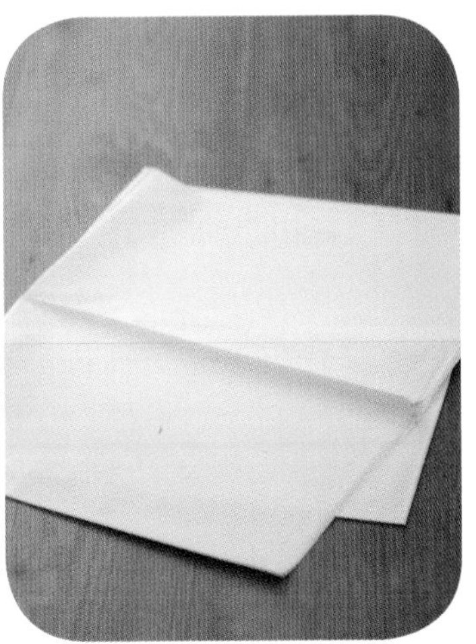

▲報紙或塑膠墊

製皂時，鋪上報紙或塑膠墊可避免鹼液腐蝕桌面，方便清理。

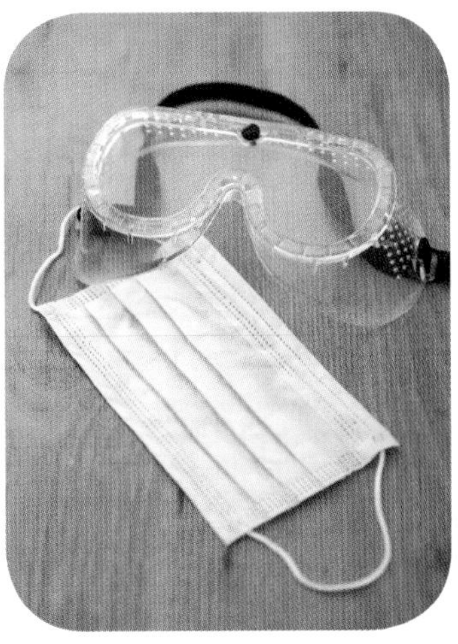

▲口罩／護目鏡

氫氧化鉀遇水後，會產生高溫及白色煙霧，請帶上口罩和護目鏡，防止煙霧接觸眼睛或吸入而造成身體不適。

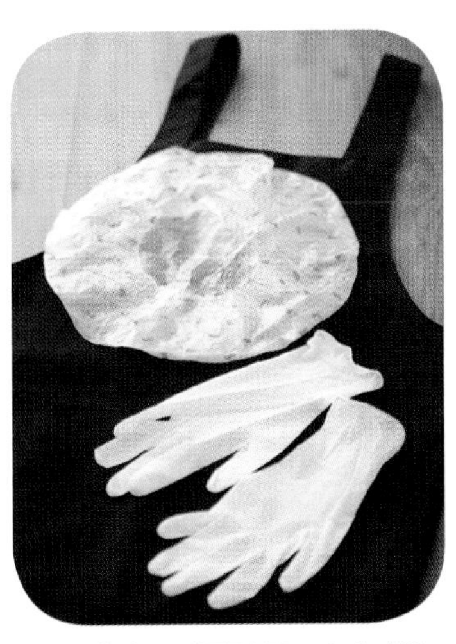

▲手套／圍裙／浴帽

由於鹼液屬於強鹼，不小心濺到皮膚及頭皮會造成灼傷，或是對衣服造成損害，所以要作好防護，在製皂完成後才可脫下。

▲電子秤

請挑選最小測量單位為1g的小型電子秤，精準的測量非常重要，若油品和氫氧化鉀的調配稍有落差，就有可能會影響製作成果。

▲PP塑膠量杯2個

容量約1000cc左右，用來融化氫氧化鉀及測量油脂的重量，PP為塑膠材質中耐酸鹼而且也能承受高溫的材質，請確實選用此材質，測量氫氧化鉀時記得量杯要保持乾燥。

▲不鏽鋼湯匙

用來加熱油脂和打皂，打皂時，建議不要使用打蛋器，因為打了20分鐘後，皂糊會變成濃稠乳霜狀，導致打蛋器的構造會打不動皂糊，而延長製作時間。

▲不鏽鋼鍋

用來溶解油脂和氫氧化鉀，建議選擇有把手的鍋子，直徑約30cm、深度約20cm，可方便施力，空間也比較充足。

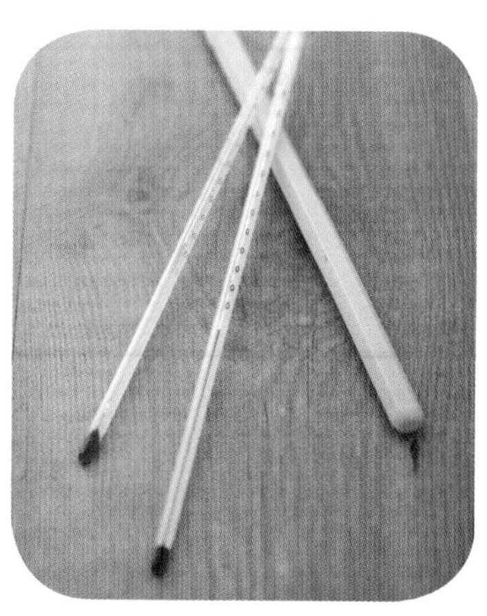

▲溫度計2支

氫氧化鉀溶解於水的速度很快，不會有溶解不均的問題，所以一支溫度計用來稍微攪拌氫氧化鉀的同時順便測量溫度，另一支則用來測量油脂的溫度，選擇測量溫度可達150℃以上的長型溫度計，如果只有1隻，請務必擦拭乾淨後再使用。

▲保麗龍箱／舊毛毯

保溫打好的皂糊，保麗龍箱是最好的選擇，使皂糊能夠維持溫度繼續皂化，可以至大賣場或果菜市場尋找看看，如果沒有，也可以拿舊毛毯來取代。

▲瓶瓶罐罐

可至容器專賣店購買各種不同功能的瓶罐：如壓頭式、噴霧式等的罐子或瓶子用來裝稀釋好的液體皂。

- 注意！不可使用玻璃或塑膠容器，以免鹼液倒入或打皂時，發生玻璃碎裂或塑膠腐蝕的危險。
- 新的不銹鋼鍋具，建議先用醋清洗過，以免製皂時產生黑色屑。
- 食用的器具和打皂的器具，請分開使用喔。

STEP BY STEP 開始動手做做看

掃描QRCode
看示範影片

作好防護措施

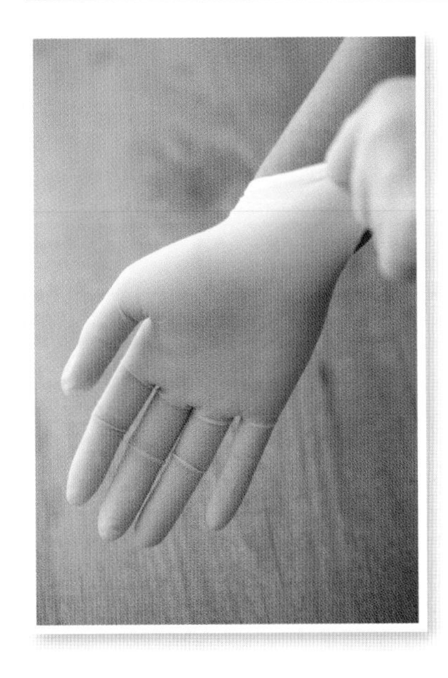

1 先清理出乾淨的桌面，以通風處為佳，可先鋪上一層報紙或是塑膠墊，比較好清理也能防止桌面腐蝕。

2 戴上手套、護目鏡、口罩、圍裙、浴帽，做好完全的防護，因為氫氧化鉀屬於強鹼，不小心濺到肌膚或頭皮會造成灼傷，所以請一定要全程配戴喔！若不小心噴到鹼液，請趕快用大量清水沖洗。

測量油脂、氫氧化鉀、水

3 將電子秤歸零，依照配方中氫氧化鉀和水的份量，分別倒入兩個乾燥的PP塑膠量杯中。

4 將油脂倒入不銹鋼鍋中，並用電子秤確實測量。

準備加熱與融鹼

5

加熱油脂：將油脂加熱至80℃至完全溶解，用不銹鋼湯匙輕輕攪拌讓油脂能完全混合。

6

製作鹼液：將水慢慢的倒入氫氧化鉀中，用溫度計輕輕攪拌至完全溶解，鹼液即完成。

混合油脂與氫氧化鉀

過程中會噴濺液體，而且會產生高溫、刺鼻氣味和白色煙霧，請小心操作，避免吸入。

7

用溫度計測量：當鹼液和油脂溫度都達到70～80℃時，就可以將鹼液慢慢倒入不鏽鋼鍋中與油脂混合，不停均勻的攪拌。

測量油脂的溫度

測量鹼液的溫度

將鹼液倒入油脂中

Tips!

● 氫氧化鉀的溶解於水的速度很快，只要不停攪拌就能完全溶解，用溫度計攪拌時要注意溫度，當氫氧化鉀的溫度到達70～80℃左右時，就可以倒入油脂中了。

開始打皂

由於氫氧化鉀鹼液的降溫速度很快，一開始會先到達約100℃左右，之後在一分鐘內會降到80℃～90℃，所以建議在製作油脂和鹼液順序為：1先加熱油脂、2再製作鹼液，這樣鹼液製作完成後，等到鹼液溫度一降到70～80℃後，就可以直接倒入油脂中攪拌。

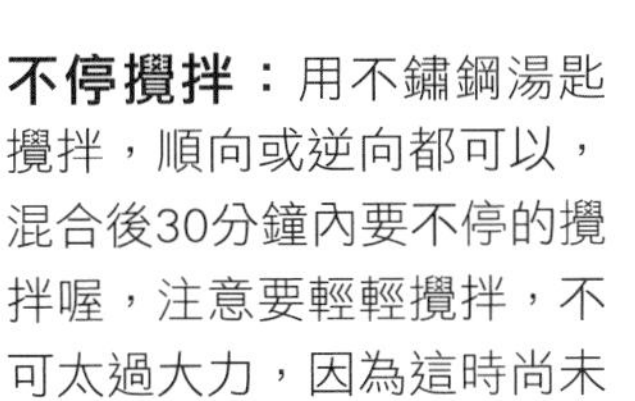

8

不停攪拌：用不鏽鋼湯匙攪拌，順向或逆向都可以，混合後30分鐘內要不停的攪拌喔，注意要輕輕攪拌，不可太過大力，因為這時尚未皂化完全，以免皂液濺到皮膚而受傷。

攪拌約5分鐘後：皂液開始變的混濁有白色小氣泡產生，屬正常現象。

開始混濁似綠豆沙狀

▸▸約5分鐘後

攪拌約10～20分鐘後：皂液已經變成白色混濁狀帶點小氣泡，而過程中會冒出少許煙霧，皂糊也會有一些溫熱，不要擔心這是皂化中的正常反應。

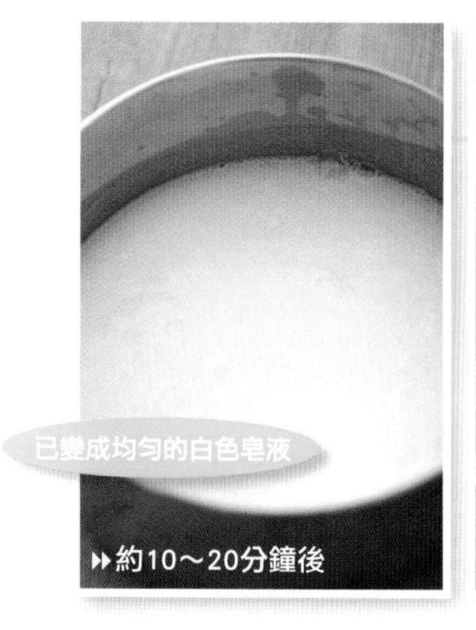

已變成均勻的白色皂液
▶▶約10～20分鐘後

Tips!

● 開始打皂後的10～20分鐘，皂液還是液體狀態，所以如果家中有電動攪拌器，可以使用攪拌，要小心注意使用以免噴濺，因為這時氫氧化鉀還未完全反應完成，但20分鐘後，會變成白色的乳霜狀，此時用電動攪拌棒已攪不動，需使用不鏽鋼湯匙攪拌。

攪拌約20～30分鐘後：這時稍微拉起皂糊能明顯看出白色綿密的乳霜狀態，此時的反應會非常快速，如果手痠了可以稍微休息約1分鐘，接著還是要不停攪拌喔。

攪拌約30～40分鐘後：皂糊會越來越濃稠，越來越難攪動，拉起來會變成似麥芽糖黏稠的皂糊，這時候就可以停止攪拌了。

保溫24小時

9

放入保麗龍箱保溫24小時，或是家裡的舊毛毯也可以拿來包覆，減緩溫度的流失，讓皂糊能夠完全的皂化，提升液體皂的完成度喔！

如果有鍋蓋可以先蓋上再保溫，沒有的話，也可以利用保鮮膜來覆蓋

等待兩週

10

保溫24小時之後，繼續將皂糊置於乾燥通風處兩週，讓皂糊能更完全皂化。

保溫24小時後呈黃色透明的皂糰

稀釋及添加

11

靜置兩周後，可將皂糰撕成小塊狀，倒入熱水能加速皂糰的融化，再依配方滴入精油攪拌均勻，就可以裝瓶使用了。

如果皂糰不容易溶解，可以先靜置一天，隔天就會比較好溶解了

Tips!

● 滴入精油時，一開始可能會出現渾濁狀，不用擔心是液體皂做失敗了，只要再多加攪拌均勻就可以囉。

掃描QRCode
看示範影片

成功的皂糰大約保溫24小時後，皂糰就會由白色變成透明黃色，放置乾燥通風處2周熟成後的皂糰會越來越透明，如果依舊呈現白色不透明狀，代表未皂化完全，有可能是因為反應不完全或是配方的問題，這時應繼續靜置風乾，讓皂糰繼續皂化，直到呈現透明黃色為止。

▲ 白色的皂糰代表未皂化完全，應繼續靜置皂化。

PART 2

身體清爽殺菌 配方

清潔抑菌同時改善問題肌膚

過敏、乾癢、痘痘等問題肌膚總是無法改善嗎？
本單元針對潔顏沐浴、洗髮，設計了許多貼心的液體皂配方，
能幫助髮膚徹底清潔抗菌，煥然一新！

TEA TREE

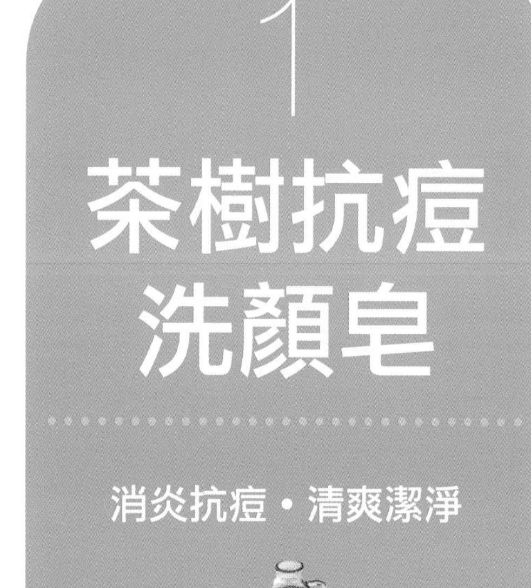

1 茶樹抗痘洗顏皂

消炎抗痘・清爽潔淨

茶樹精油可消毒殺菌，深層淨化肌膚，再加上法國薰衣草精油有止痛、消腫的修復作用，**很適合油性的痘痘肌膚，也可改善粉刺問題。甜杏仁油和芥花油皆具高度的保溼力，在深層清潔肌膚的同時給予保濕，提升肌膚的保水度，加上運用老一輩的生活智慧——綠豆水來稀釋，有排毒的作用，洗感溫和不緊繃。綠豆水能吸附油脂，由於茶樹精油抗菌功能強，所以不建議乾性肌膚的人使用。**

▲洗起來溫和不緊繃！

making

- **油脂**　椰子油135g、可可脂10g、芥花油90g、甜杏仁油65g（總油重300g）
- **氫氧化鉀**　67g
- **溶解氫氧化鉀水量**　200g
- **融化皂糊水量**　綠豆水300g
- **材料**　生綠豆150g、煮沸過的冷水300g
- **精油**　法國薰衣草精油5g（約125滴）、茶樹精油3g（約75滴）

infor

抗菌程度	保存期限	稀釋後完成量
★★★★★	6～9個月	600ml

skin

痘痘
油性肌膚

1．**綠豆水**——將生綠豆用煮沸過的冷水浸泡24小時後，將綠豆濾除，留下我們需要的「綠豆水」。

2．**加熱油脂**——將所有油脂量好，倒入不鏽鋼鍋中，直接加熱至80度。

3．**製作鹼液**——將氫氧化鉀（67g）置於塑膠量杯中，將水（200g）慢慢倒入，充分攪拌至完全溶解，鹼液即完成。注意：過程中會產生高溫和煙霧，請小心操作！

4．**測量溫度**——分別測量氫氧化鉀和油脂的溫度，二者皆在70～80℃時，即可混合。

5．**均勻攪拌**——將氫氧化鉀慢慢倒入與油脂混合，持續均勻的攪拌約30～40分鐘。

6．**麥芽糖狀**——當已經攪不太動，黏稠度接近麥芽糖狀時，即可停止攪拌。

▲當拉起湯匙時，液體皂已接近固態不會滴落時，即為麥芽糖狀，就可以停止攪拌了。

TEA TREE

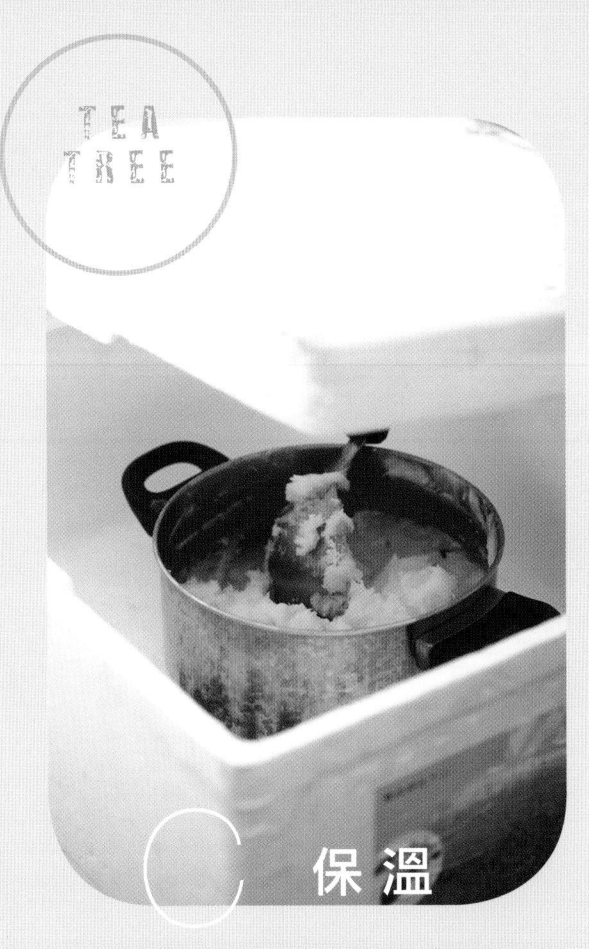

C 保溫

D 完成

7. **保溫皂糊**——放入保麗龍箱保溫24小時，或是用家裡的舊毛毯完全包覆，以減緩降溫的速度，讓皂糊可以完全皂化。

8. **熟成**——將皂糊蓋住，置於乾燥通風處兩週後，使皂糊充分皂化，即可稀釋。

9. **稀釋**——用300g綠豆水來稀釋皂糊，等皂糊完全溶解後，再滴入精油攪拌均勻，就可以裝瓶使用囉。

小妙方

idea

如何製作抗痘精華液？

惱人的痘痘又紅又腫，嚴重時還有噁心的白膿，實在很不舒服，你可以將**茶樹精油**1ml（約20滴）和**法國薰衣草精油**1ml（約20滴）及**甜杏仁油**10ml均勻混合，就變成抗痘精華液了，茶樹精油能幫助痘痘消炎殺菌，法國薰衣草精油對於擠破的傷口有消腫修復的功效，清潔臉部後後擦在痘痘上，紅腫的痘痘過幾天就會消失囉。

AVOCADO OIL
& CAMOMILE

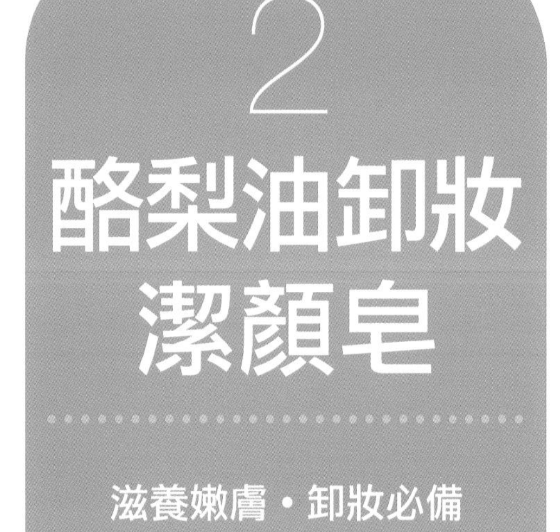

2 酪梨油卸妝潔顏皂

滋養嫩膚・卸妝必備

酪梨油有深層清潔、強效保濕的作用，用酪梨油入皂後會有很好的卸妝效果，對於機車族或是習慣化淡妝的上班族女性，只要一個簡單的洗臉程序就可以輕鬆卸除臉上的淡妝及灰塵，泡沫細緻均勻，不用擔心洗後肌膚會油膩。在徹底潔淨的同時，還能得到絕佳的柔嫩滋養。洋甘菊純露有鎮靜溫和的功效，在累積一整天的疲憊下，可以撫平過敏，舒緩壓力，使肌膚得到充分的休息。

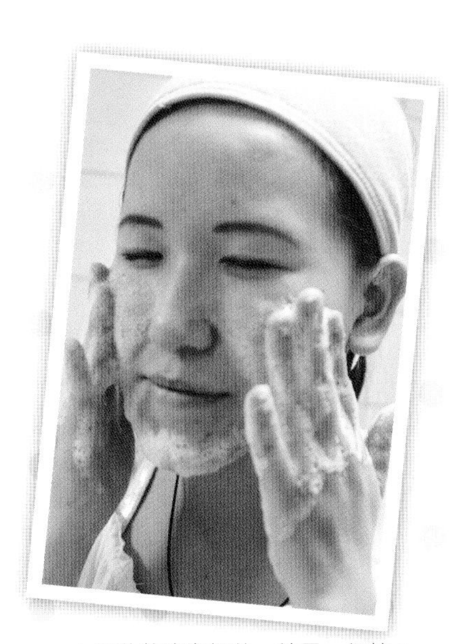

▲用此款液皂卸妝，效果一級棒！

making

- **油脂**　椰子油100g、蓖麻油10g、芥花油70g、精製酪梨油40g、甜杏仁油30g、棕櫚核油50g（總油重300g）
- **氫氧化鉀**　65g
- **溶解氫氧化鉀水量**　200g
- **融化皂糊水量**　水200g、洋甘菊純露100g

infor

抗菌程度	保存期限	稀釋後完成量
★★★	6～8個月	600ml

skin

中性肌膚

1. **加熱油脂**——將所有油脂量好，倒入不鏽鋼鍋中，直接加熱至80度。
2. **製作鹼液**——將氫氧化鉀（65g）置於塑膠量杯中，將水（200g）慢慢倒入，充分攪拌至完全溶解，鹼液即完成。請注意：過程中會產生高溫和煙霧，請小心操作！
3. **測量溫度**——分別測量氫氧化鉀和油脂的溫度，二者皆在70～80℃時，即可混合。

4. **均勻攪拌**——將氫氧化鉀慢慢倒入與油脂混合，持續均勻的攪拌約30～40分鐘。
5. **麥芽糖狀**——當黏稠度接近麥芽糖，已經攪不太動的狀態時，即可停止攪拌。

6. **保溫皂糊**——放入保麗龍箱保溫24小時，或是用夠厚夠大的浴巾包覆，以減緩降溫的速度，讓皂糊可以完全皂化。

D 完成

7. **熟成**——將皂糊蓋住，置於乾燥通風處兩週後，使皂糊充分皂化，即可稀釋。
8. **稀釋**——將皂糊置於乾燥通風處二週後，用水來稀釋皂糊，等皂糊完全溶化後，加入洋甘菊純露攪拌均勻，就可以裝瓶使用了。

小妙方 idea

如何運用「皂用染料」？

稀釋完成的液體皂會呈現琥珀色，如果想要液體皂的顏色有變化，就可以利用皂用染料來染色，染料分為「水性染料」和「油性染料」，水性染料溶於水，但是洗出的泡沫會帶有顏色，油性染料溶於油，洗出的泡沫可維持白色不會變色，建議選擇「耐鹼性」的油性染料，這樣在使用的時候，才不會洗出有顏色的泡泡。

變化液體手工皂顏色的方法很簡單，只要小心將很少量的染料滴入，攪拌均勻即可。如果呈現的顏色不夠明顯的話再增加染料使用量就可以了，請注意！液體手工皂所需要的染料量很少，所以一次不要加太多哦！

▲若用礦物粉質的皂用染料，入液體皂後粉末容易沈澱，使用不便也不美觀，所以不建議用此染色。

舉例説明

如果想染出以下顏色：
綠色＝液體手工皂＋藍色染料
紅色＝液體手工皂＋紅色染料

◀油性染料多為液狀，要幫液體皂染色時，建議使用油性染料，入皂後洗出的泡泡才不會變色。

MINT &
LIQUORICE

帶有清新香氣的綠薄荷精油，不但具有抗菌功效，還能改善滿臉油亮的煩惱，而薄荷腦可振奮精神，極具清涼感，夏天使用能鎮靜消暑，讓人神清氣爽。搭配上清熱解毒的甘草水，幫助修復紅腫悶熱的肌膚，提升其他材料成份的療效。薄荷腦和甘草取得容易，在一般中藥行可購得。此款液體皂適用於輕微的生理痘或壓力痘，但較嚴重的痘痘問題，建議使用「茶樹抗痘洗顏皂」。

3 清涼薄荷洗臉皂

抑菌清涼・改善出油

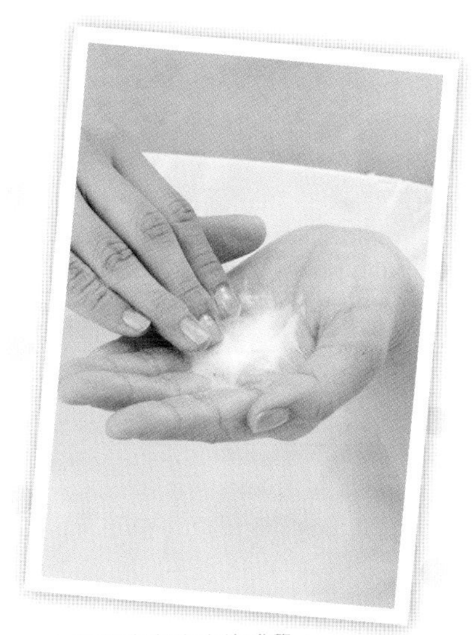

▲洗起來有涼涼的感覺！

making

- **油脂**　椰子油80g、可可脂10g、芥花油60g、棕櫚核油100g、蓖麻油50g（總油重300g）
- **氫氧化鉀**　65g
- **溶解氫氧化鉀水量**　200g
- **融化皂糊水量**　甘草水
- **材料**　水300g、甘草30g
- **添加物**　薄荷腦5g
- **精油**　綠薄荷精油5g（約125滴）

infor

抗菌程度	保存期限	稀釋後完成量
★★★★	6～8個月	600ml

skin：痘痘 中油性肌膚

1. **甘草水**——將甘草30g加入滾水300g煮10分鐘，濾除甘草以後，將甘草水靜置放涼備用。
2. **加熱油脂**——將所有油脂與薄荷腦量好，一起倒入不鏽鋼鍋中，直接加熱至80度。
3. **製作鹼液**——將氫氧化鉀（65g）置於塑膠量杯中，將水（200g）慢慢倒入，充分攪拌至完全溶解，鹼液即完成。請注意：過程中會產生高溫和煙霧，請小心操作！
4. **測量溫度**——分別測量氫氧化鉀和油脂的溫度，二者皆在70～80℃時，即可混合。

5. **均勻攪拌**——將氫氧化鉀慢慢倒入與油脂混合，持續均勻的攪拌約30～40分鐘。
6. **麥芽糖狀**——當黏稠度接近麥芽糖，已經攪不太動的狀態時，即可停止攪拌。

7. **保溫皂糊**——放入保麗龍箱保溫24小時，或是用家裡的舊毛毯，來減緩降溫的速度，讓皂糊可以完全皂化。

D 完成

8. **熟成**——將皂糊蓋住，置於乾燥通風處兩週後，使皂糊充分皂化，即可稀釋。
9. **稀釋**——用甘草水來稀釋皂糊，等皂糊完全溶化後，再滴入薄荷精油攪拌均勻，就可以裝瓶使用了。

小妙方 idea

如何製作消暑抗菌噴霧？

炎炎夏日，大太陽總是曬的人頭昏腦脹，你可以隨身攜帶一瓶消暑抗菌噴霧，綠薄荷精油清涼卻不刺激，讓人神清氣爽，搭配礦泉水和酒精稀釋，還可達到抗菌的功效，夏日出門隨時補充，可以舒緩曝曬後的灼熱感。

材　料 綠薄荷精油2ml（約40滴）、95%藥用酒精40ml、礦泉水60ml、噴霧瓶1個。

作　法 先綠薄荷精油與藥用酒精混合好後，再加入礦泉水搖晃均勻混合，就可以裝瓶使用了。

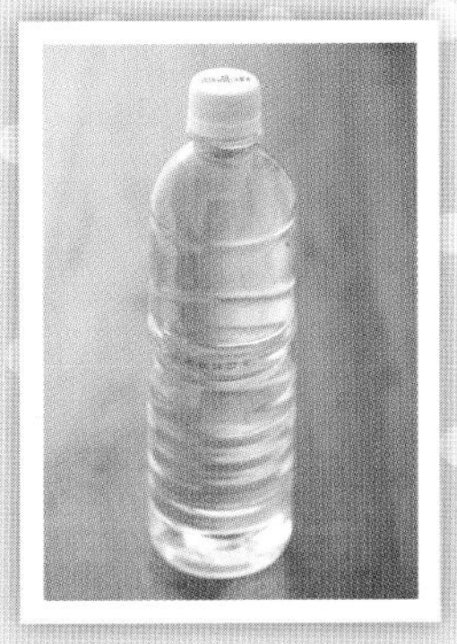

◀ 請使用礦泉水或是煮沸後的冷水，勿使用一般生水稀釋，生水含有太多雜質與細菌，容易讓抗菌噴霧變質。

◀ 噴霧瓶可隨時放在包包裡，不論是外出或旅行都很方便使用。

GREEN TEA &
FENUGREEK SEED

有機葫蘆巴粉有去除粉刺、改善濕疹的功能，而綠茶粉則可以解毒、平衡油脂的分泌，對於想要收斂肌膚、改善毛細孔粗大的人有很大的幫助。這款皂加入了橄欖油和椰子油，洗起來泡沫會比較多。浸泡後的綠茶粉和有機葫蘆巴粉殘渣，可再利用作為植物的肥料。

4 收斂毛孔抗敏皂

收斂抗敏・改善濕疹

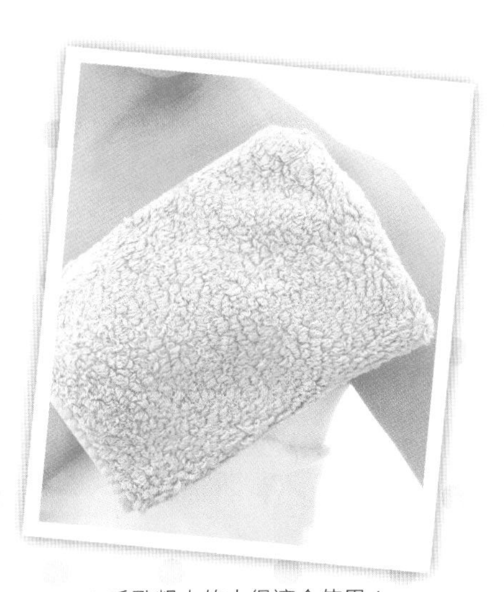

▲毛孔粗大的人很適合使用！

making

- **油脂**　椰子油100g、可可脂10g、橄欖油100g、棕櫚核油50g、蓖麻油40g（總油重300g）
- **氫氧化鉀**　65g
- **溶解氫氧化鉀水量**　200g
- **融化皂糊水量**　綠茶葫蘆巴水300g
- **材料**　綠茶粉15g 、有機葫蘆巴粉5g

infor

抗菌程度	保存期限	稀釋後完成量
★★	6個月	600ml

skin：中／乾性肌膚

STEP BY STEP

1. **綠茶葫蘆巴水**——將綠茶粉15g與有機葫蘆巴粉5g，加入滾水300g浸泡5分鐘，濾除殘渣以後，將茶水靜置放涼備用。
2. **加熱油脂**——將所有油脂量好，倒入不鏽鋼鍋中，直接加熱至80度。
3. **製作鹼液**——將氫氧化鉀（65g）置於塑膠量杯中，將水（200g）慢慢倒入，充分攪拌至完全溶解，鹼液即完成。請注意：過程中會產生高溫和煙霧，請小心操作！
4. **測量溫度**——分別測量氫氧化鉀和油脂的溫度，二者皆在70～80℃時，即可混合。
5. **均勻攪拌**——將氫氧化鉀慢慢倒入與油脂混合，持續均勻的攪拌約30～40分鐘。
6. **麥芽糖狀**——當黏稠度接近麥芽糖，已經攪不太動的狀態時，即可停止攪拌。

7. **保溫皂糊**——放入保麗龍箱保溫24小時，或是家裡的舊毛毯也可拿來包覆，減緩溫度的流失，提升手工皂的完成度。

8. **熟成**——將皂糊蓋住，置於乾燥通風處兩週後，使皂糊充分皂化，即可稀釋。

9. **稀釋**——用綠茶葫蘆巴水300g來稀釋皂糊，等皂糊完全溶化後，就可以裝瓶使用。

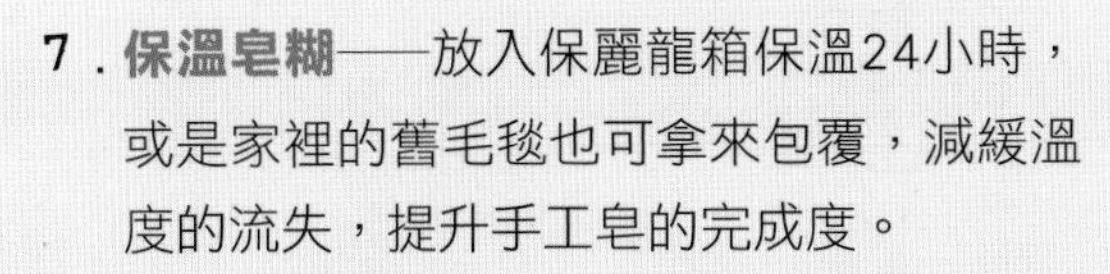

小妙方 idea

皂糊的保存有多長？

液體皂稀釋後約能保存到6個月～7個月，加入精油可以再多2～3個月的保存時間，尚未稀釋的皂糰可以保存比較久，約8～10個月，平時保存可放在保鮮盒，或是用保鮮膜包起來放在乾燥通風處就可以了。

◀ 記得貼張小標籤寫上保存期限喔。

茶樹抗痘洗顏皂
保存期限
2009.7 ～2010.4

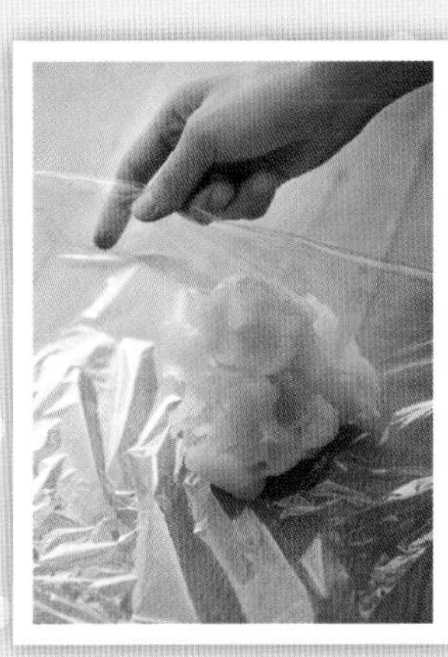

▲ 多的皂糊可以用保鮮膜包起來保存。

ROSEMARY

5
迷迭香煥膚
滋養皂
擺脫暗沈・煥然一新

臉部是脆弱敏感的肌膚，尤其在乾冷的冬天，更需細心的呵護。這款皂添加了極具滋潤的可可脂和甜杏仁油，能改善乾燥發癢的肌膚，防止水份流失。親膚性也很優，養分更容易被肌膚吸收。迷迭香以收斂抗菌，消除細紋聞名，適合暗沈老化的肌膚，能有效淡化細紋，使肌膚緊緻有彈性。

▲ 消除細紋，適合暗沈肌膚。

making

- **油脂**　椰子油50g、可可脂10g、葵花油40g、棕櫚核油100g、蓖麻油40g、芥花油50g、甜杏仁油10g（總油重300g）
- **氫氧化鉀**　63g
- **溶解氫氧化鉀水量**　190g
- **融化皂糊水量**　迷迭香水300g
- **材料**　乾燥迷迭香80g、水300g

infor

抗菌程度	保存期限	稀釋後完成量
★★★★	6～9個月	600ml

skin：中／油性肌膚

1. **迷迭香水**——將80g乾燥迷迭香加入300g滾水中，熬煮10分鐘後，將殘渣濾除留下迷迭香水待用。
2. **加熱油脂**——將所有油脂量好，倒入不鏽鋼鍋中，直接加熱至80度。
3. **製作鹼液**——將氫氧化鉀（63g）置於塑膠量杯中，將水（190g）慢慢倒入，充分攪拌至完全溶解，鹼液即完成。請注意：過程中會產生高溫和煙霧，請小心操作！
4. **測量溫度**——分別測量氫氧化鉀和油脂的溫度，二者皆在70～80℃時，即可混合。

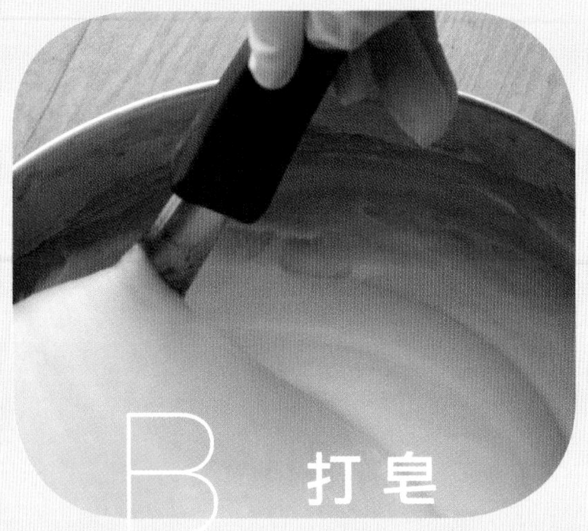

5. **均勻攪拌**——將氫氧化鉀慢慢倒入與油脂混合，持續均勻的攪拌約30～40分鐘。
6. **麥芽糖狀**——當黏稠度接近麥芽糖，已經攪不太動的狀態時，即可停止攪拌。

7. **保溫皂糊**——放入保麗龍箱保溫24小時，或是家裡的舊毛毯也可拿來包覆，藉由保溫讓皂糊完全皂化。

D 稀釋

8．**熟成**──將皂糊蓋住，置於乾燥通風處兩週後，使皂糊充分皂化，即可稀釋。

9．**稀釋**──用迷迭香水稀釋皂糊，等皂糊完全溶化後，就可以裝瓶使用了。

小妙方 idea

如何製作香芬抗菌袋？

山雞椒精油有良好的殺菌和除臭功能，味道溫和芳香有淡淡的柑橘味，搭配乾燥迷迭香，放在房間、衣櫃、客廳、浴廁，時時都能聞到香氣，心情也愉悅了起來。

材　料　山雞椒精油3ml（約60滴）、乾燥迷迭香500g、袋子1個

作　法　將乾燥迷迭香裝入袋子，再滴入山雞椒精油後即可使用。

▲ 袋子可選擇紗袋或是棉質袋，勿選擇塑膠材質的袋子，否則精油的香氣散發不出來。

▲ 將乾燥迷迭香放入袋子裡，乾燥迷迭香可至大賣場、香草專賣店或是手工皂材料行購得。

▲ 再把精油滴入袋子後搖晃均勻即可，精油請二週補滴一次。

LITSEA CUBEBA

6
山雞椒修復乾癬皂
改善乾癬・修護保濕

雪松精油具有殺菌、消炎、修復深層肌膚等功能， 而山雞椒精油的抗菌效果極佳，能鎮靜及舒緩，除了一般肌膚可以使用外，擾人的乾癬問題，例如：發癢、紅色斑塊、鱗屑等症狀，都有很不錯的改善效果。橄欖油和甜杏仁甜兩者都是深層滋養的油品，而椿油能提昇肌膚保濕力，讓滋潤度持久，在修復的同時，也能讓肌膚得到充分的營養。

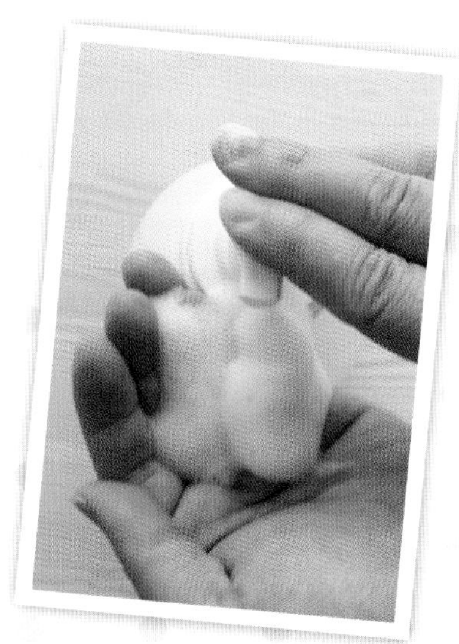
▲用慕絲瓶擠出來，泡泡又細又柔！

making

- **油脂**　椰子油100g、椿油50g、橄欖油130g、甜杏仁油20g（總油重300g）
- **氫氧化鉀**　53g
- **溶解氫氧化鉀水量**　160g
- **融化皂糊水量**　300g
- **精油**　山雞椒精油5g（約125滴）
雪松精油5g（約125滴）

infor

抗菌程度	保存期限	稀釋後完成量
★★★★	6～9個月	600ml

skin　乾性肌膚

1. **加熱油脂**——將所有油脂量好，倒入不鏽鋼鍋中，直接加熱至80度。
2. **製作鹼液**——將氫氧化鉀（53g）置於塑膠量杯中，將水（160g）慢慢倒入，充分攪拌至完全溶解，鹼液即完成。請注意：過程中會產生高溫和煙霧，請小心操作！
3. **測量溫度**——分別測量氫氧化鉀和油脂的溫度，二者皆在70～80℃時，即可混合。
4. **均勻攪拌**——將氫氧化鉀慢慢倒入與油脂混合，持續均勻的攪拌約30～40分鐘。
5. **麥芽糖狀**——當黏稠度接近麥芽糖，已經攪不太動的狀態時，即可停止攪拌。

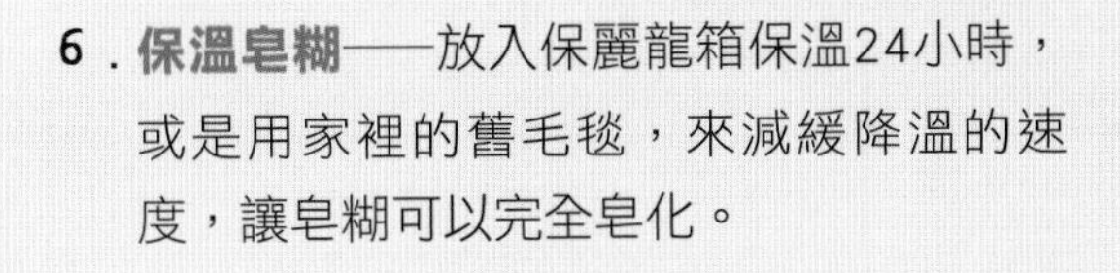

6．**保溫皂糊**——放入保麗龍箱保溫24小時，或是用家裡的舊毛毯，來減緩降溫的速度，讓皂糊可以完全皂化。

7．**熟成**——將皂糊蓋住，置於乾燥通風處兩週後，使用皂糊充分皂化，即可稀釋。

8．**稀釋**——用水稀釋皂糊，等皂糊完全溶化後，再滴入山雞椒精油與雪松精油攪拌均勻，即可裝瓶使用。

小妙方
idea

如何製作保濕抗菌噴霧？

花梨木精油是一種相當溫和不刺激的精油，可以活化肌膚，增加皮膚的光澤，搭配藥用酒精和保加利亞玫瑰純露，就變成保濕抗菌噴霧，對乾燥敏感肌膚或是乾癬肌膚的人都很適合，可以隨時補充肌膚水份，而且調和後味道很好聞，不會有刺鼻味。

材　料　花梨木精油2ml（約40滴）、95%藥用酒精40ml、保加利亞玫瑰純露60ml、噴霧瓶1個

作　法　先將花梨木精油與藥用酒精混合好後，再加入保加利亞玫瑰純露搖晃均勻，就可以裝瓶使用了。

ORANGE
SWEET &
ROSE

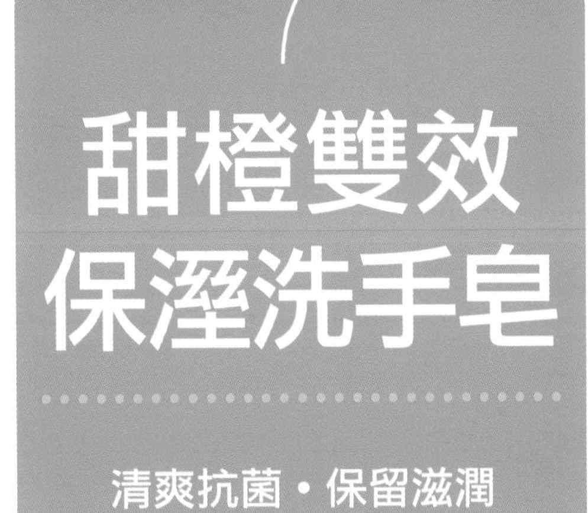

7 甜橙雙效保溼洗手皂

清爽抗菌・保留滋潤

中乾性肌膚的人，雙手的水份與油脂很容易在洗手、做家事中流失，造成雙手粗糙、乾燥不適。這款皂添加了柔軟度很好的米糠油，能長時間的保留肌膚水分，不過米糠油取得較不易，油品單價也較高。為了慰勞辛苦的雙手，我們特別添加了天然的玫瑰純露，不含酒精，給肌膚最舒爽的安撫；富含維他命C的甜橙精油，可促進血管循環，美白肌膚，及抗菌功效的香茅，一邊洗手就能一邊呵護雙手。

▲保濕洗手皂，讓雙手水嫩嫩。

making

- **油脂** 椰子油100g、可可脂10g、橄欖油80g、蓖麻油30g、米糠油80g（總油重300g）
- **氫氧化鉀** 63g
- **溶解氫氧化鉀水量** 190g
- **融化皂糊水量** 保加利亞玫瑰純露300g
- **精油** 香茅精油5g（約125滴）
甜橙精油6g（約150滴）

infor

抗菌程度	保存期限	稀釋後完成量
★★★★	6～9個月	600ml

skin　中乾性肌膚

1. **加熱油脂**——將所有油脂量好，倒入不鏽鋼鍋中，直接加熱至80度。
2. **製作鹼液**——將氫氧化鉀（63g）置於塑膠量杯中，將水（190g）慢慢倒入，充分攪拌至完全溶解，鹼液即完成。請注意：過程中會產生高溫和煙霧，請小心操作！
3. **測量溫度**——分分別測量氫氧化鉀和油脂的溫度，二者皆在70～80℃時，即可混合。

4. **均勻攪拌**——將氫氧化鉀慢慢倒入與油脂混合，持續均勻的攪拌約30～40分鐘。
5. **麥芽糖狀**——當黏稠度接近麥芽糖，已經攪不太動的狀態時，即可停止攪拌。

6. **保溫皂糊**——放入保麗龍箱保溫24小時，或是用家裡的舊毛毯，來減緩降溫的速度，讓皂糊可以完全皂化。

7. **熟成**——將皂糊蓋住，置於乾燥通風處兩週後，使皂糊充分皂化，即可稀釋。
8. **稀釋**——將皂糊置於乾燥通風處兩週後，用保加利亞玫瑰純露稀釋皂糊，等皂糊完全溶化後，再滴入精油攪拌均勻，就可以裝瓶使用了。

小妙方

idea

天然的增稠劑—飽和鹽水

任何液體皂皆可使用，無毒環保又便利

釋稀完成的液體手工皂，大多呈液狀，有些人使用起來不習慣，這時可以加入飽和鹽水來增加濃稠度，而且飽和鹽水完全不會影響到液體皂的功能，也不會對人體造成負擔，可說是天然的增稠劑。

液體皂大約加入20%的飽和食鹽水時，就可以達到理想的稠度，比如說：600ml的液體皂，大約加120ml的鹽水就可以達到理想的稠度。但還是可以依照你個人需求來增減用量哦。

▲ 如果想要有像潤絲精般的濃稠感，不需要利用化學增稠劑，只要自製飽和鹽水，倒入液體皂內攪拌均勻，也可以擁有像市售清潔用品般的濃稠洗感。

材　料 鹽巴、熱水、瓶子一個。

作　法

1. 將大量的鹽巴加入熱水中，一直攪拌到鹽巴無法溶解時即為飽合鹽水。
2. 飽合鹽水倒入液體皂後，一開始會變的混濁，不用擔心，只要不停的攪拌就可以了。

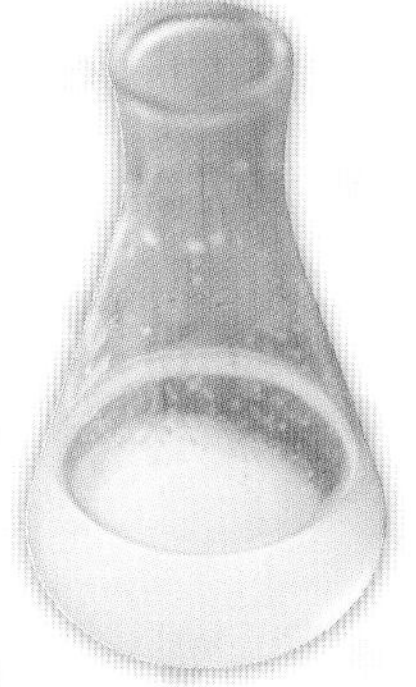

▲ 將鹽巴加入熱水中，一直攪拌到鹽巴無法溶解時即為飽合鹽水。

▲ 倒入鹽水後會開始混濁，只要不停的攪拌就可以了。

TIPS!

攪拌技巧

飽和鹽水不要一次全部倒入液體皂內，請分2～3次慢慢的倒入，並且不停充分的攪拌，隨時注意濃稠的狀態，直到濃稠度達到理想的狀態就可以停止囉。

POLMAROSA

8 玫瑰草滋潤洗手皂

清涼消炎・安撫鎮靜

油性肌膚或是手汗多的人，常常會有肌膚黏膩的困擾，所以這款洗手皂加了歐薄荷純露，有清爽鎮靜的作用，添加了綠薄荷精油，洗起來涼涼的，在炎熱夏季裡使用，更加沁涼。再搭配溫和滋潤的蓖麻油與甜杏仁油，能給予肌膚保濕，不用擔心洗後會過度乾澀，而玫瑰草精油的味道芳香清甜，可以平撫浮躁的情緒，洗出好心情。一般人除了用來洗手清潔外，也很適合油性肌膚的人用來洗臉，具有抗菌消炎的功效。

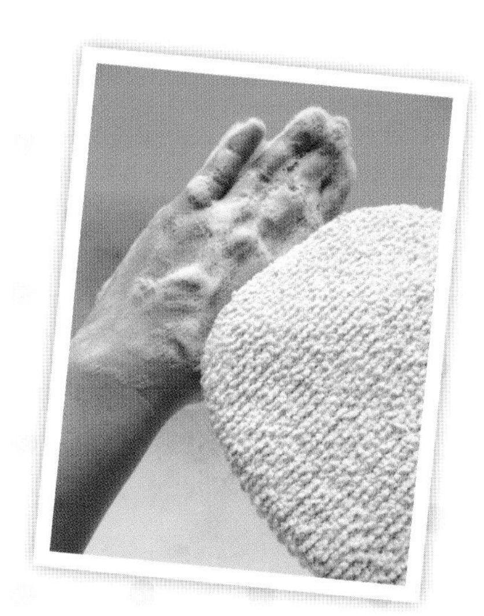

▲油性肌膚者可以用此款洗手皂。

making

- **油脂**　椰子油150g、芥花油90g、蓖麻油40g、甜杏仁油20g（總油重300g）
- **氫氧化鉀**　68g
- **溶解氫氧化鉀水量**　200g
- **融化皂糊水量**　歐薄荷純露300g
- **精油**　綠薄荷精油7g（約175滴）
玫瑰草精油5g（約125滴）

infor

抗菌程度	保存期限	稀釋後完成量
★★★★★	6～9個月	600ml

skin：中油性肌膚

STEP BY STEP

1．**加熱油脂**——將所有油脂量好，倒入不鏽鋼鍋中，直接加熱至80度。

2．**製作鹼液**——將氫氧化鉀（68g）置於塑膠量杯中，將水（200g）慢慢倒入，充分攪拌至完全溶解，鹼液即完成。過程中會產生高溫和煙霧，請小心操作！

3．**製作鹼液**——分別測量氫氧化鉀和油脂的溫度，二者皆在70～80℃時，即可混合。

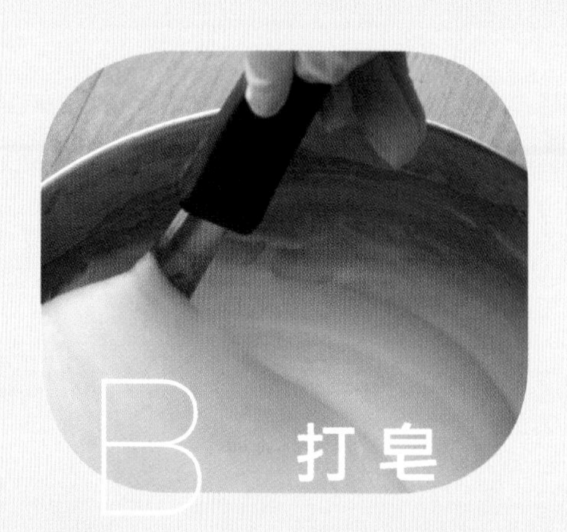

4．**均勻攪拌**——將氫氧化鉀慢慢倒入與油脂混合，持續均勻的攪拌約30～40分鐘。

5．**麥芽糖狀**——當黏稠度接近麥芽糖，已經攪不太動的狀態時，即可停止攪拌。

6．**保溫皂糊**——放入保麗龍箱保溫24小時，或是用家裡的舊毛毯，來減緩降溫的速度，讓皂糊可以完全皂化。

7．**熟成**——將皂糊蓋住，置於乾燥通風處兩週後，使皂糊充分皂化，即可稀釋。

8．**稀釋**——將皂糊置於乾燥通風處兩週後，用歐薄荷純露稀釋皂糊，等皂糊完全溶化後，再滴入精油攪拌均勻，就可以裝瓶使用了。

小妙方

idea

膠狀茶樹抗菌乾洗手

隨時抗菌，預防流感

●抗菌程度 ★★★★★ ●保存期限 6～9個月 ●稀釋後完成量 500ml

平時隨身攜帶一瓶乾洗手，使用起來方便，更能時時刻刻消毒抗菌，預防流感的入侵。經實驗證明，75%的酒精抗菌效果最好，搭配茶樹精油的強力殺菌功能，抗菌效果能長達16小時。

材　料 高分子膠2.5g、礦泉水125ml、茶樹精油10ml、三乙醇胺0.55ml（約11滴）、95%藥用酒精375ml

作　法

1. 先將375ml藥用酒精加入75ml礦泉水混合稀釋成為濃度75%的酒精溶液，靜置一旁待用。
2. 將粉狀的高分子膠2.5g與50ml的礦泉水均勻攪拌，直到完全混合。
3. 再加入10ml的茶樹精油攪拌均勻。
4. 滴入三乙醇胺後，攪拌至完全混合。
5. 再加入（1）混合均勻.就可以裝瓶使用了。

TIPS!

如果手邊沒有高分子膠和三乙醇胺，也可以作成噴霧式的乾洗手，先將先將375ml藥用酒精加入10ml的茶樹精油混合均勻，再加入125ml的礦泉水攪拌均勻，就可以裝瓶使用了。

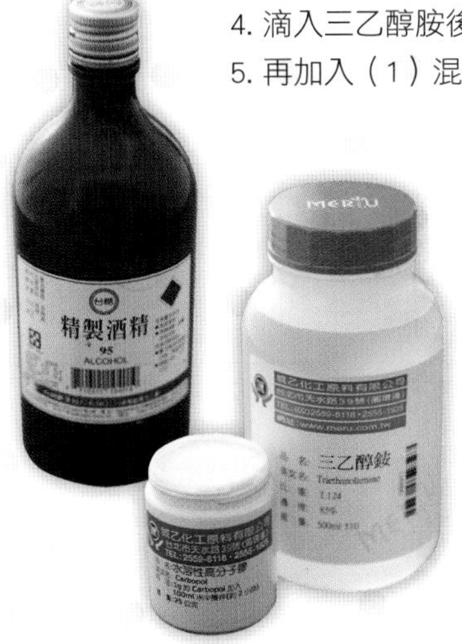

◀ 高分子膠為透明液狀100g／160元，三乙醇胺則為白色粉末500ml／80元，兩者在化工行皆可買的到。
精製酒精即為藥用酒精，一般都是95%，有些藥局也有賣75%的藥用酒精很方便購買。

LAVENDER &
PINUS
SYLVESTRIS

9 全效溫和抗菌洗手皂

溫和抗菌・平衡修復

松精油是由松樹的針葉與毬果中所提煉出來，帶有森林的濃郁氣息，主要功能為抵抗發炎、治療肌肉痠痛及肌肉僵硬。特別添加了氣味清香的法國薰衣草精油，可以緩和疲勞、修復瘀傷，告別乾燥、龜裂等肌膚問題。這款洗手皂的質地溫和，洗起來泡泡又多又細緻，適合各種膚質，放一罐在居家或辦公環境使用，就能照顧到所有人的雙手。

▲ 泡泡又多又細緻的抗菌洗手皂。

making

- **油脂**　椰子油140g、芥花油100g、蓖麻油50g、可可脂10g（總油重300g）
- **氫氧化鉀**　67g
- **溶解氫氧化鉀水量**　200g
- **融化皂糊水量**　水300g
- **精油**　松精油7g（約175滴）
法國薰衣草精油3g（約75滴）

infor

抗菌程度	保存期限	稀釋後完成量
★★★★	6～9個月	600ml

skin

任何肌膚均可使用

STEP BY STEP

1．**加熱油脂**——將所有油脂量好，倒入不鏽鋼鍋中，直接加熱至80度。

2．**製作鹼液**——將氫氧化鉀（67g）置於塑膠量杯中，將水（200g）慢慢倒入，充分攪拌至完全溶解，鹼液即完成。過程中會產生高溫和煙霧，請小心操作！

3．**測量溫度**——分別測量氫氧化鉀和油脂的溫度，二者皆在70～80℃時，即可混合。

4．**均勻攪拌**——將氫氧化鉀慢慢倒入與油脂混合，持續均勻的攪拌約30～40分鐘。

5．**麥芽糖狀**——當黏稠度接近麥芽糖，已經攪不太動的狀態時，即可停止攪拌。

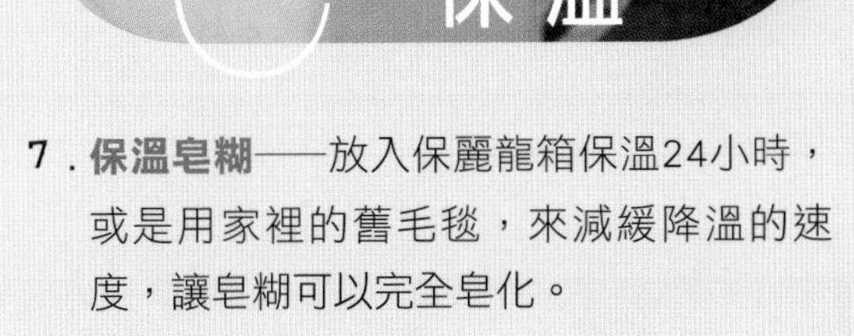

7. **保溫皂糊**——放入保麗龍箱保溫24小時，或是用家裡的舊毛毯，來減緩降溫的速度，讓皂糊可以完全皂化。

8. **熟成**——將皂糊蓋住，置於乾燥通風處兩週後，使皂糊充分皂化，即可稀釋。

9. **稀釋**——等皂糊完全溶化後，再滴入松精油與法國薰衣草精油攪拌均勻，就可以裝瓶使用了。

小妙方

idea

神奇的慕絲瓶，超好用！

若想要體驗不同的慕絲洗感，或是喜歡豐厚泡泡的你，可以將已稀釋的液體皂裝入慕斯瓶中，不僅可以避免使用時液體皂從指縫流掉的困擾，也很方便清潔，用量上也很好拿捏，但是要注意不能使用已增稠的液體皂，太濃稠會導致慕絲瓶阻塞，就會很難壓出泡泡囉。

ROSEWOOD

10 花梨木修復毛躁洗髮皂

滋養柔軟・修復毛躁

荷荷芭油具有柔軟滋養頭髮的作用，可幫助殺菌、清潔皮脂，是最常用來作為洗髮皂的油品。為了改善一頭稻草，特別添加了伊蘭伊蘭精油，對於毛躁、營養不足的乾性髮絲，有活化再生的作用，使新生的頭髮更具光澤；而花梨木精油可以修復染燙後受損的髮梢，養護敏感受傷的頭皮細胞。此款皂的起泡度很好，吹整後髮質柔順不乾澀，很好梳理。

▲讓秀髮更有光澤！

making

- **油脂**　椰子油150g、芥花油90g、蓖麻油40g、荷荷芭油20g（總油重300g）
- **氫氧化鉀**　66g
- **溶解氫氧化鉀水量**　200g
- **融化皂糊水量**　水300g
- **精油**　伊蘭伊蘭精油5g（約125滴）
花梨木精油3g（約75滴 ／3.75 ml）

infor

抗菌程度	保存期限	稀釋後完成量
★★★	6～9個月	600ml

hair

乾性髮質

1．**加熱油脂**——將所有油脂量好，倒入不鏽鋼鍋中，直接加熱至80度。

2．**製作鹼液**——將氫氧化鉀（66g）置於塑膠量杯中，將水（200g）慢慢倒入，充分攪拌至完全溶解，鹼液即完成。過程中會產生高溫和煙霧，請小心操作！

3．**測量溫度**——分別測量氫氧化鉀和油脂的溫度，二者皆在70～80℃時，即可混合。

ROSEWOOD

4．**均勻攪拌**——將氫氧化鉀慢慢倒入與油脂混合，持續均勻的攪拌約30～40分鐘。

5．**麥芽糖狀**——當黏稠度接近麥芽糖，已經攪不太動的狀態時，即可停止攪拌。

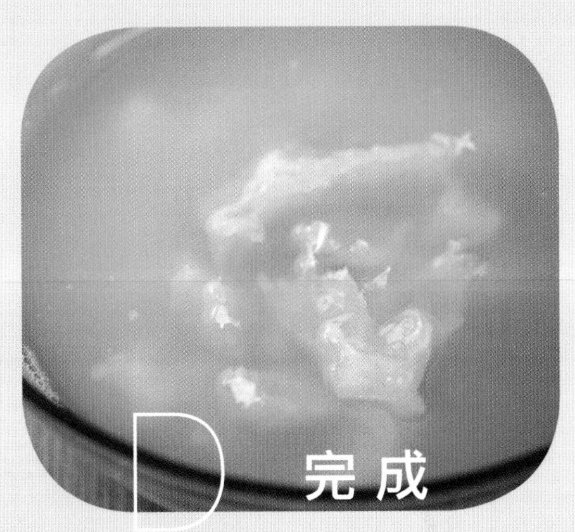

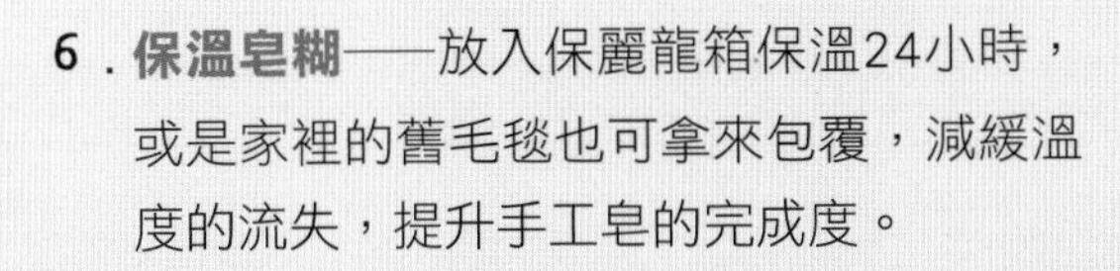

6．**保溫皂糊**——放入保麗龍箱保溫24小時，或是家裡的舊毛毯也可拿來包覆，減緩溫度的流失，提升手工皂的完成度。

7．**熟成**——將皂糊蓋住，置於乾燥通風處兩週後，使皂糊充分皂化，即可稀釋。

8．**稀釋**——將皂糊置於乾燥通風處兩週後，等皂糊完全溶化後，再滴入精油攪拌均勻，就可以裝瓶使用了。

小妙方 idea

免沖洗！「伊蘭」保濕護髮餅 ●乾性髮質適用

對於頭髮毛躁的乾性髮質，我們添加了伊蘭伊蘭精油和椿油來加強滋潤度，適合乾燥、粗糙無光澤的受損髮質使用，我們作成方便使用的塊狀，只要用手的溫度將其略為溶化，再抹上頭髮即可形成一層保護膜，能改善毛躁的髮質。（做法詳見P.77）

材　料　伊蘭伊蘭精油5ml（約100滴）、天然蜜蠟15g、椿油35g

作　法
1. 將天然蜜蠟與椿油秤好，並隔水加熱至完全融化。
2. 加入精油攪拌均勻後倒入模型。
3. 等完全凝固以後就可以脫膜使用。

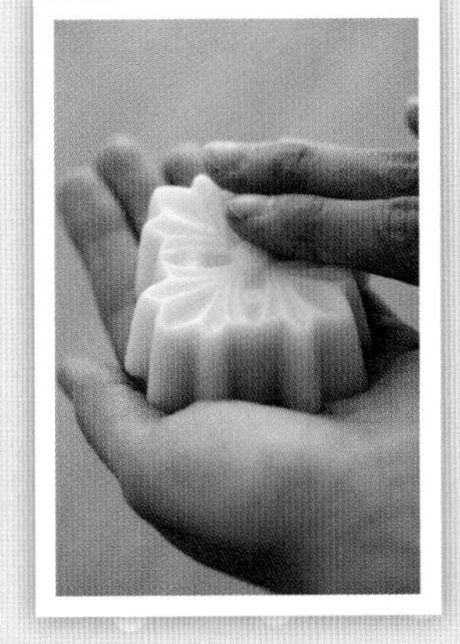

▸ 利用手的溫度稍微將護髮餅融化，再抹上頭髮即可。

CLARY
SAGE &
PATCHOULI

11 鼠尾草抗屑洗髮皂

抗頭皮屑・改善落髮

許多人有頭皮屑及落髮分叉的困擾，因此添加了快樂鼠尾草精油（註1），可以淨化油膩的頭皮，去除頭皮屑。而廣藿香精油可以抑制頭皮出油，改善毛囊阻塞的現象，對於長時間照射陽光，缺乏營養的頭髮，可幫助刺激毛髮再生。因為不含矽靈和化學柔軟劑，所以洗完時會感覺頭髮乾澀，但將頭髮吹乾後乾澀感就會消失。

▲ 可去除頭皮屑的洗髮皂。

making

- **油脂**　椰子油150g、芥花油130g、橄欖油10g、荷荷芭油10g（總油重300g）
- **氫氧化鉀**　66g
- **溶解氫氧化鉀水量**　200g
- **融化皂糊水量**　水300g
- **精油**　快樂鼠尾草精油7g（約175滴）
廣藿香精油3g（約75滴）

info

抗菌程度	保存期限	稀釋後完成量
★★★★	6～9個月	600ml

hair　中性髮質

註1 快樂鼠尾草精油含有絕大部份鼠尾草的療效，特別的是，「快樂鼠尾草」不含有毒性的側柏酮，而「鼠尾草」的屬性比較刺激，快樂鼠尾草則較溫和且有令人愉悅的堅果香氣，因此在應用上也常以「快樂鼠尾草」來代替「鼠尾草」。

1. **加熱油脂**——將所有油脂量好，倒入不鏽鋼鍋中，直接加熱至80度。
2. **製作鹼液**——將氫氧化鉀置於塑膠量杯中，將水慢慢倒入，充分攪拌至完全溶解，鹼液即完成。過程中會產生高溫和煙霧，請小心操作！
3. **測量溫度**——分別測量氫氧化鉀和油脂的溫度，二者皆在70～80℃時，即可混合。

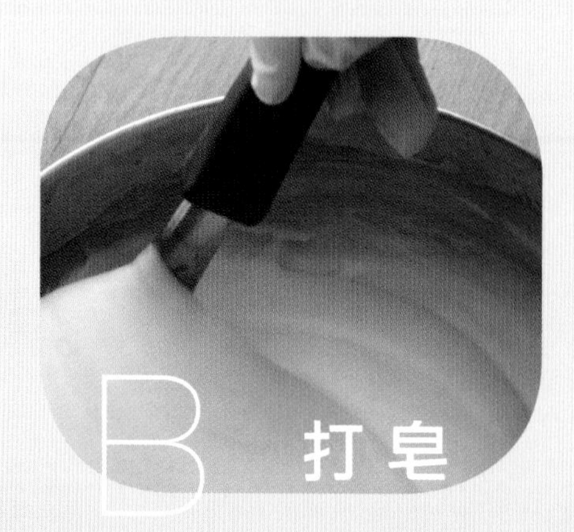

4. **均勻攪拌**——將氫氧化鉀慢慢倒入與油脂混合，持續均勻的攪拌約30～40分鐘。
5. **麥芽糖狀**——當黏稠度接近麥芽糖，已經攪不太動的狀態時，即可停止攪拌。

6. **保溫皂糊**——將鍋子蓋住，放入保麗龍箱保溫24小時，或是家裡的舊毛毯也可拿來包覆，減緩溫度的流失，提升手工皂的完成度。

7. **熟成**——將皂糊蓋住，置於乾燥通風處兩週後，使皂糊充分皂化，即可稀釋。
8. **稀釋**——將皂糊置於乾燥通風處兩週後，等皂糊完全溶化後，再滴入精油攪拌均勻，就可以裝瓶使用了。

小妙方 idea

免沖洗！甜杏仁柔順護髮餅

● 中性髮質適用

快樂鼠尾草能帶給頭髮清爽，不會有太滋潤而油膩的感覺，而天然蜜蠟是由蜂巢加溫所提煉而出，具有淡淡的蜂蜜香氣，成份很天然滋潤，不但能護髮，如果出門時頭髮膨鬆雜亂，也可以當作造型品來使用喔。

材　料 快樂鼠尾草精油5ml（約100滴）、天然蜜蠟15g、甜杏仁油35g

作　法

1. 將天然蜜蠟與甜杏仁油秤好， 並加熱融化，加熱時，不用一直加熱到最後，因為甜杏仁油如果加熱過度會破壞其中的養份，可以加熱一會兒後，利用鍋子的餘溫，讓蜜蠟慢慢融化。
2. 加入快樂鼠尾草精油攪拌均勻。
3. 倒入模型。
4. 可以冰在冰箱裡，使護髮餅加速凝固，等到完全凝固後，就可以脫膜使用了。

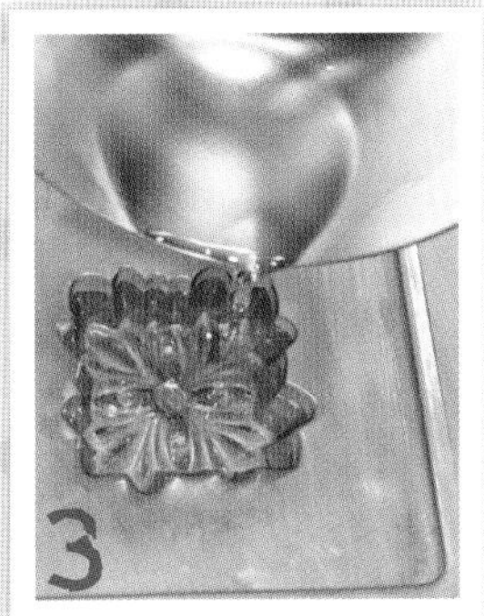

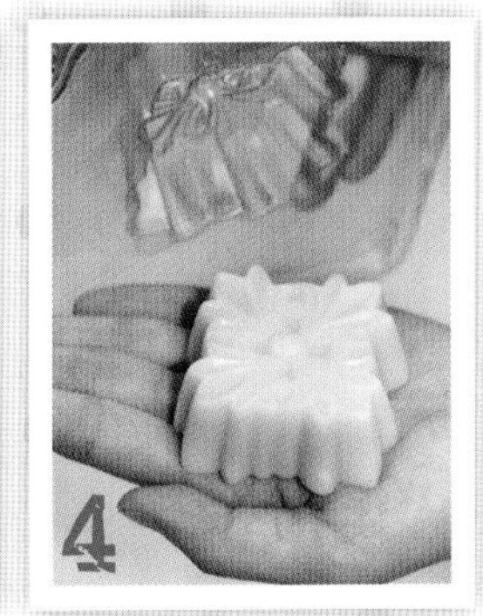

ROSEMARY

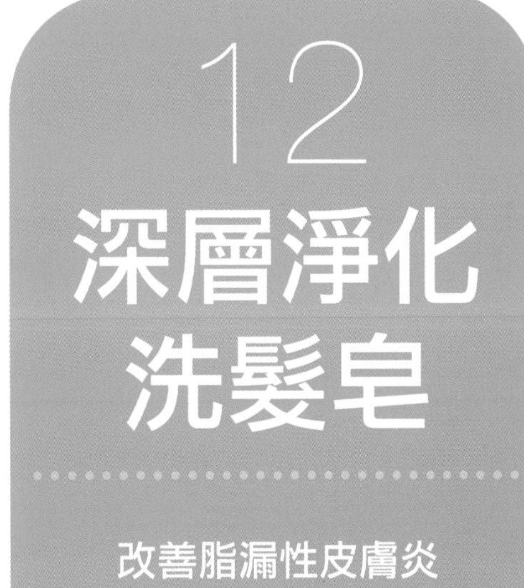

12 深層淨化洗髮皂

改善脂漏性皮膚炎

這款洗髮皂添加了迷迭香精油，除了可以改善頭皮屑和掉髮的問題，對於脂漏性皮膚炎的濕疹性疾病，如有脫皮發癢、髮際邊緣發炎出現紅色脫屑斑塊等現象，都有不錯的改善效果。如果你的頭皮容易長痘痘，也可以試試看這款洗髮皂，能夠深層潔淨毛囊，使頭皮清爽潔淨。這種皂最特別的是具有三合一的效果，一瓶就可以清潔頭部、臉、身體，天天使用也沒問題。

▲三效合一，非常方便。

making

- **油脂**　椰子油220g、芥花油50g、荷荷芭油10g、蓖麻油20g（總油重300g）
- **氫氧化鉀**　72g
- **溶解氫氧化鉀水量**　220g
- **融化皂糊水量**　水300g
- **精油**　迷迭香精油7g（約175滴）

infor

抗菌程度	保存期限	稀釋後完成量
★★★★★	6～9個月	600ml

hair：油性髮質

1. **加熱油脂**——將所有油脂量好，倒入不鏽鋼鍋中，直接加熱至80度。
2. **製作鹼液**——將氫氧化鉀（72g）置於塑膠量杯中，將水（220g）慢慢倒入，充分攪拌至完全溶解，鹼液即完成。過程中會產生高溫和煙霧，請小心操作！
3. **測量溫度**——分別測量氫氧化鉀和油脂的溫度，二者皆在70～80℃時，即可混合。

4. **均勻攪拌**——將氫氧化鉀慢慢倒入與油脂混合，持續均勻的攪拌約30～40分鐘。
5. **麥芽糖狀**——當黏稠度接近麥芽糖，已經攪不太動的狀態時，即可停止攪拌。

6. **保溫皂糊**——放入保麗龍箱保溫24小時，或是家裡的舊毛毯也可拿來包覆，減緩溫度的流失，提升手工皂的完成度。

7. **熟成**——將皂糊蓋住，置於乾燥通風處兩週後，使皂糊充分皂化，即可稀釋。

8. **稀釋**——將皂糊置於乾燥通風處兩週後，等皂糊完全溶化後，再滴入精油攪拌均勻，就可以裝瓶使用了。

小妙方 idea

免沖洗！「迷迭香」保濕護髮餅 ●油性髮質適用

米糠油能使秀髮烏黑亮麗，保持頭髮的光澤，迷迭香精油除了調理油膩的髮絲，還能刺激毛髮再生，只要用手的溫度將其融化，就能幫頭髮隨時護理，做成方便使用攜帶的塊狀，不管是外出旅行，或是出門上班都很方便使用。（做法詳見P.77）

材料

迷迭香精油5ml、天然蜜蠟20g、米糠油30g

作法

1. 將天然蜜蠟與米糠油秤好，並隔水加熱至完全融化。
2. 加入精油攪拌均勻後倒入模型。
3. 等完全凝固以後就可以脱膜使用。
4. 可以冰在冰箱裡，使護髮餅加速凝固，等到完全凝固後，就可以脫膜使用了。

掃描QRCode
看示範影片

▲ 天然蜜蠟有淡淡香氣具滋潤保溼功效，常用來作護唇膏、口紅等化妝品。

瓶瓶罐罐大集合

裝液體皂的容器非常多樣化，可以到瓶瓶罐罐的專賣店或是生活居家小店都能購買到，基本上瓶罐的價格都很平實，依不同的容量價格在5元～100元不等。一般瓶罐都是塑膠材質，除非是玻璃、壓克力材質，或是特殊的造型瓶罐，會比較昂貴一些，大家可依自己的需求及喜好來作選擇。

1

造型容器

顏色鮮明或是小花造型的容器都相當可愛，使用起來心情也很愉悅，可用來裝洗髮皂、洗手皂或沐浴洗臉皂。

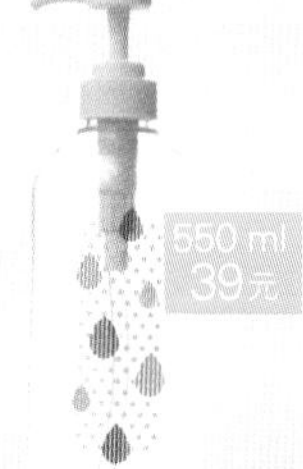

慕絲瓶

如果想要有慕絲洗感的你，也可以選擇慕絲瓶，輕輕一壓，就有綿密的泡泡，非常方便。

3

寬口罐

寬口的罐子，也可以用來裝家事皂或是浴廁清潔皂，直接倒入即可清潔，相當便利，可省去按壓的力氣與時間。

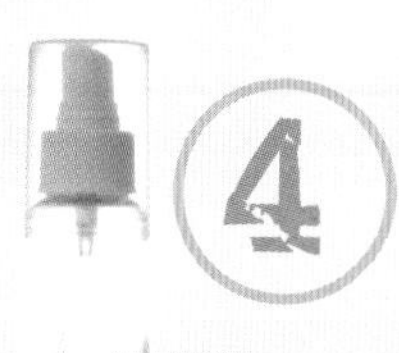

噴霧瓶

乾洗手或是抗菌噴霧瓶，可裝在噴霧式的瓶罐，不僅能隨時使用而且方便攜帶。

100 ml
27元

大容量罐

家事皂或沐浴皂的用量頻繁，每次的使用量也很多，可購買容量較大，約500～1200ml的罐子來使用，而洗臉皂、洗手皂，可選擇容量在200～500ml的罐子。

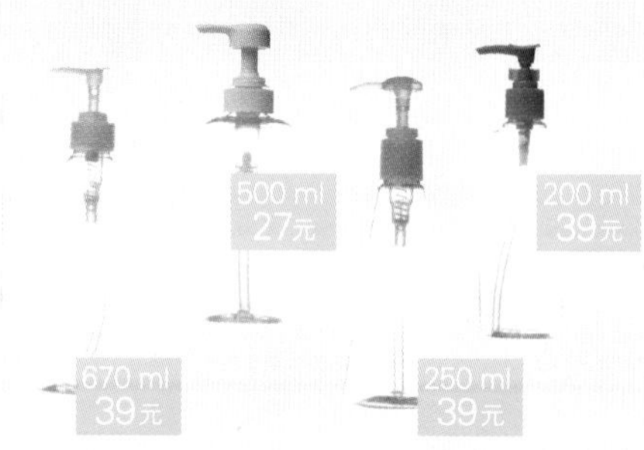

小容量罐

小容量的瓶子及壓縮瓶，可以用來裝洗手皂、洗臉皂，每次更換時，都能依需求加入不同的精油來使用，可以讓液體皂變的多用途，也能讓液體皂不易壞掉喔！

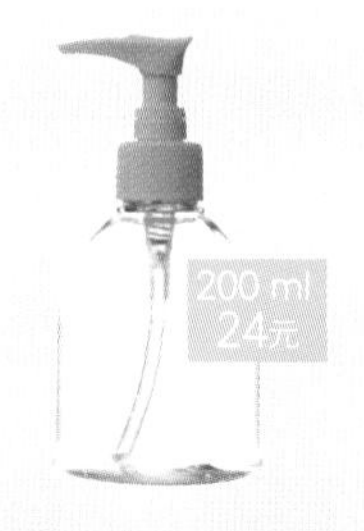

PART 3

碗盤衣物潔淨 配方

輕鬆去除難洗的油漬髒污

本單元設計能抗菌清潔的洗碗洗衣配方，
幫你去除碗盤油膩、使衣物潔白如新，
不用擔心有化學藥劑的殘留，讓身體獲得最純淨的感受！

BLUEGUM & LEMON

13
油膩潔碗液體皂
天然清新・揮別油膩

市售洗碗精可能添加起泡劑、抗菌劑等化學成份，容易有殘留在碗盤上的疑慮。而自製潔碗液體皂的成份天然環保，使用起來令人安心許多。利用洗淨力佳的椰子油，搭配高度滋潤的橄欖油，洗起來不傷手，去除油膩的效果很好。此外，有別於一般洗碗精會添加無抗菌效果、只有香氣的香精，我們特別選用藍膠尤加利精油和檸檬精油，清新的檸檬精油可平衡氣味較嗆的尤加利精油，不但能雙重抗菌，還能去除碗盤油膩的味道。精油的揮發性很高，不用擔心殘留在碗盤上，而影響食物的美味。

making

▲ 若碗盤特別油膩，建議先用衛生紙擦拭後再洗。

- **油脂**　椰子油250g、橄欖油50g（總油重300g）
- **氫氧化鉀**　76g
- **溶解氫氧化鉀水量**　230g
- **融化皂糊水量**　500g
- **精油**　藍膠尤加利精油5g（約125滴）
  檸檬精油3g（約75滴）

infor

抗菌程度	保存期限	稀釋後完成量
★★★★★	6～9個月	600ml

1. **加熱油脂**——將所有油脂量好，倒入不鏽鋼鍋中，直接加熱至80度。
2. **製作鹼液**——將氫氧化鉀置於塑膠量杯中，將水慢慢倒入，充分攪拌至完全溶解，鹼液即完成。請注意：過程中會產生高溫和煙霧，請小心操作！
3. **測量溫度**——分別測量氫氧化鉀和油脂的溫度，二者皆在70～80℃時，即可混合。

4. **均勻攪拌**——將氫氧化鉀慢慢倒入與油脂混合，持續均勻的攪拌約30～40分鐘。
5. **麥芽糖狀**——當黏稠度接近麥芽糖，已經攪不太動的狀態時，即可停止攪拌。

6. **保溫皂糊**——放入保麗龍箱保溫24小時，或是用家裡的舊毛毯，來減緩降溫的速度，讓皂糊可以完全皂化。

完成

7. **熟成**——將皂糊蓋住，置於乾燥通風處兩週後，使皂糊充分皂化，即可稀釋。
8. **稀釋**——將皂糊置於乾燥通風處兩週後，用水來稀釋皂糊，等皂糊完全溶化後，滴入精油攪拌均勻，就可以裝瓶使用了。

▲ 可以將碗盤浸泡數分鐘，效果更佳。

小妙方 idea

如何清除抹布的臭油味？

抹布長期使用下來，總是會油油膩膩而且有難聞的油臭味，這時候可以用「油膩潔碗液體皂」（請見P.85）或「藍膠尤加利髒污洗潔皂」（請見P.93）或「鞋子去污抗菌除漬皂」（請見P.105），這三款液體皂都能夠洗掉抹布頑強的油污。

將抹布浸泡在加了液體皂的熱水中約10分鐘（約壓2～3下液體皂），浸泡後清洗乾淨，將抹布擰乾晾乾後，抹布的油膩感和異味就不見了，可以延長抹布的使用期限喔。

▲ 常常清洗抹布，能夠去除油膩髒汙也能有抗菌的功效。

LAVENDER
& BLUEGUM

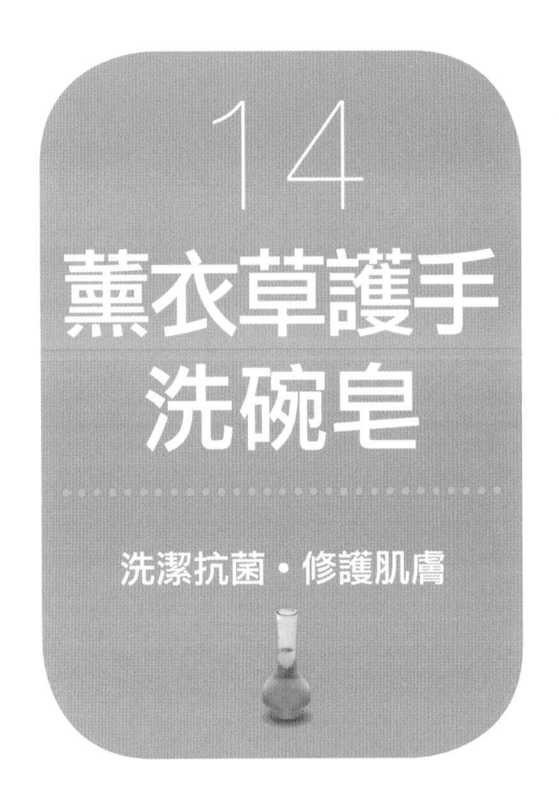

14 薰衣草護手洗碗皂

洗潔抗菌・修護肌膚

洗碗不再是一件辛苦事了！一邊洗碗還能一邊保養雙手！這款皂添加了質地溫和的蓖麻油，能柔軟修護肌膚，加上可可脂，二者都是滋潤度極優的油品，擁有很高的滋潤度，又不影響洗淨力，還有保水性，洗完雙手不緊繃。搭配藍膠尤加利精油的抗菌優勢，以及法國薰衣草精油對於瘀傷、流血、乾燥、龜裂具有的修復作用，對於皮膚乾裂粗糙的人，洗後膚質有明顯的改善。非常適合富貴手，或是有問題肌膚的人使用，除了用來洗碗，也可拿來當作日常清潔的洗手乳。

▲ 洗碗能同時保護雙手，再也不是一件辛苦事了！

making

- **油脂**　椰子油200g、橄欖油50g、蓖麻油40g、可可脂10g（總油重300g）
- **氫氧化鉀**　71g
- **溶解氫氧化鉀水量**　215g
- **融化皂糊水量**　500g
- **精油**　藍膠尤加利精油2g（約50滴）
100%法國薰衣草純精油5g（約125滴）

infor

抗菌程度	保存期限	稀釋後完成量
★★★★	6～8個月	600ml

1. **加熱油脂**——將所有油脂量好，倒入不鏽鋼鍋中，直接加熱至80度。
2. **製作鹼液**——將氫氧化鉀置於塑膠量杯中，將水慢慢倒入，充分攪拌至完全溶解，鹼液即完成。請注意：過程中會產生高溫和煙霧，請小心操作！
3. **測量溫度**——分別測量氫氧化鉀和油脂的溫度，二者皆在70～80℃時，即可混合。
4. **均勻攪拌**——將氫氧化鉀慢慢倒入與油脂混合，持續均勻的攪拌約30～40分鐘。
5. **麥芽糖狀**——當黏稠度接近麥芽糖，已經攪不太動的狀態時，即可停止攪拌。

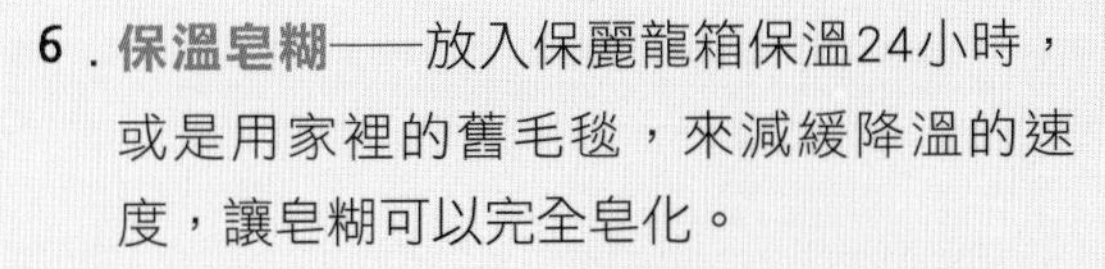

6 . **保溫皂糊**──放入保麗龍箱保溫24小時，或是用家裡的舊毛毯，來減緩降溫的速度，讓皂糊可以完全皂化。

7 . **熟成**──將皂糊蓋住，置於乾燥通風處兩週後，使皂糊充分皂化，即可稀釋。

8 . **稀釋**──將皂糊置於乾燥通風處兩週後，等皂糊完全溶化後，再滴入精油攪拌均匀，就可以裝瓶使用了。

小妙方 idea

如何製作防流感口罩？

為了預防流感，在公共場所都會戴上口罩來預防飛沫傳染，除了選擇適合的口罩外，建議你可以在口罩上噴上一層抗菌噴霧，法國薰衣草精油有抑菌防護的功效，不但味道聞起來清新天然，而且能讓防護效果加倍。

材　料　礦泉水125ml、法國薰衣草精油10ml（約200滴）、藥用酒精375ml、噴霧瓶1個

作　法
1. 先將375ml藥用酒精和10ml的法國薰衣草精油倒在噴霧瓶混合。
2. 再加入125ml礦泉水攪拌均勻，就可以使用了。

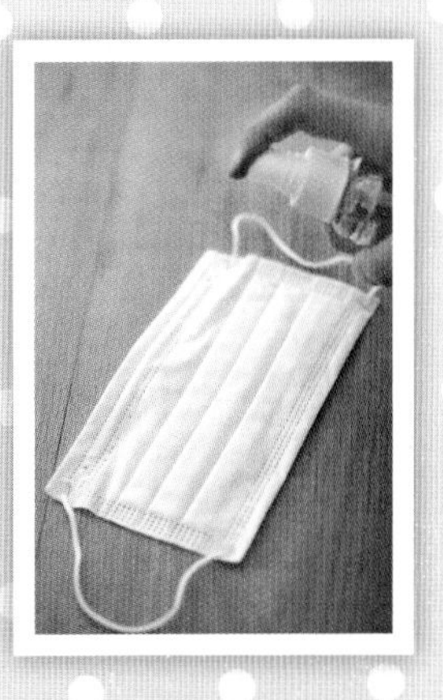

▲ 建議裝在噴霧瓶噴在口罩上，能平均分散，也能控制用量。

BLUEGUM

15 藍膠尤加利髒污洗潔皂

殺菌保護・潔白如新

藍膠尤加利精油用於洗衣皂，除了有很好的殺菌洗潔效果外，還能保護衣物纖維，同時也保護雙手，不會因為洗潔力強，而感到雙手緊繃。對於髒汙衣物、襪子等，甚至是輕微沾到醬油、番茄醬的衣物，都能夠有效的洗淨。更特別的是，白色衣物洗完後會有更潔白的效果，而且可以保留色彩，使衣服不容易褪色。

▲ 藍膠尤加利精油能讓洗淨髒汙油漬，讓衣服潔淨。

making

- **油脂**　椰子油200g.、芥花油50g（總油重250g）
- **氫氧化鉀**　62g
- **溶解氫氧化鉀水量**　185g
- **融化皂糊水量**　250g
- **精油**　藍膠尤加利精油10g（約250滴）

infor

抗菌程度	保存期限	稀釋後完成量
★★★★★	3～6個月	500ml

1. **加熱油脂**——將所有油脂量好，倒入不鏽鋼鍋中，直接加熱至80度。
2. **製作鹼液**——將氫氧化鉀置於塑膠量杯中，將水慢慢倒入，充分攪拌至完全溶解，鹼液即完成。請注意：過程中會產生高溫和煙霧，請小心操作！
3. **測量溫度**——分別測量氫氧化鉀和油脂的溫度，二者皆在70～80℃時，即可混合。

4. **均勻攪拌**——將氫氧化鉀慢慢倒入與油脂混合，持續均勻的攪拌約30～40分鐘。
5. **麥芽糖狀**——當已經攪不太動，黏稠度接近麥芽糖狀時，即可停止攪拌。

6. **保溫皂糊**——放入保麗龍箱保溫24小時，或是用家裡的舊毛毯，來減緩降溫的速度，讓皂糊可以完全皂化。

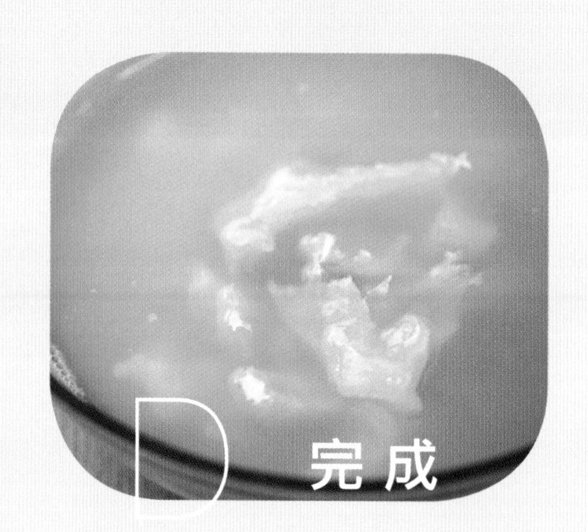

7. **熟成**——將皂糊蓋住，置於乾燥通風處兩週後，使皂糊充分皂化，即可稀釋。
8. **稀釋**——將皂糊置於乾燥通風處二週後，用水來稀釋皂糊，等皂糊完全溶化後，滴入精油攪拌均勻，就可以裝瓶使用了。

小妙方

idea

「小蘇打粉」妙用多

小蘇打粉就是化學上所說的「碳酸氫鈉」，呈弱鹼性，聽起來好似化學物質，但其實它是一種純天然的白色粉末，除了用在作點心烘焙之外，對清潔環境上的應用也非常的廣泛，它有除臭、去除油漬髒污等功能，可以自然的分解，不會污染環境，對人體也完全無害，更不會刺激肌膚，而且價格便宜很好取得，可說是生活中的萬用清潔小幫手。

小蘇打粉的味道嘗起來鹹鹹的，有食用、工業用二種，在超市、南北雜貨、藥局都能買到，這兩種小蘇打都可以用來除油去污，但如果是用在清潔環境的話，建議你購買工業用小蘇打，可以省錢也能達到環保的訴求。

如何運用小蘇打？

清　潔

油膩碗盤　若廚房油瓶打翻，或是碗盤、流理台特別油膩時，可以直接撒上小蘇打粉，稍微等一會兒後用濕海棉擦洗，可以加速去除油膩髒污。

廚房器具　鍋子、瓦斯爐、排油煙機等烹調器具，常常會有難以清潔的焦黑油垢，市售清潔劑雖然可去除，但是卻會留下有毒的化學物質，因此可以運用小蘇打粉，直接撒在器具上，等半個小時後再用濕海棉刷洗，焦黑油垢就會很好洗掉。

浴　廁　想要去除廁所馬桶的異臭，只要用250ml的白醋加上少許蘇打粉調勻倒在馬桶內，等候約15分鐘，再用長柄刷擦洗，白醋可加強帶走異味，小蘇打粉能幫助你輕鬆清潔馬桶的污垢。

除　臭

冰　箱　冰箱總是摻雜許多食物的怪味道，用一個空罐，裝入半瓶小蘇打粉，放入冰箱中即可除臭，約1個月更換一次，舊的小蘇打粉可以用來清潔廚房器具或是用來通水管馬桶。

鞋　子　一整天的悶熱會讓鞋子散發出臭味，撒上一點小蘇打粉在鞋子裡，就可以消除難聞的鞋臭。

垃圾桶　每次打開垃圾桶就會聞到臭味嗎？只要撒一些小蘇打粉在垃圾桶裡，一天撒3～4次，就可以消除惱人的垃圾臭味，而且還可以抑制細菌微生物的繁殖。

洗　衣　洗衣時加入一大匙小蘇打粉可洗去汗臭味，洗後的衣服會有一股清爽的氣息，而非一般市售合成洗劑的人工香味。

漂白衣物　市售漂白水中的化學物質會污染環境，而且會刺激黏膜、皮膚及呼吸道，造成身體不適，所以我們可以利用小蘇打粉加入水攪拌均勻後，在洗衣服時加入，可以有漂白衣服的效果。

清除茶垢　杯子長時間使用下來，總是會累積許多茶垢，黃黃髒髒的，但是又捨不得丟掉，其實只要用海綿沾取適量的小蘇打粉，刷洗有茶垢的部分，再以清水沖掉，就可以輕鬆去除茶垢囉。

TEA TREE

椰子油和芥花油用於家事皂的洗淨力很好，又不會傷手，洗起來泡泡豐富綿密，而茶樹精油對於衣服黃斑的洗淨效果佳，能去除難聞的霉味，還可以抗菌、防蟎防霉，對於蛋白質類的髒汙，例如汗水、油脂、血液，或是累積一整天灰塵油煙的衣服，都能徹底的洗淨，**不會有化學藥劑殘留的顧慮。**

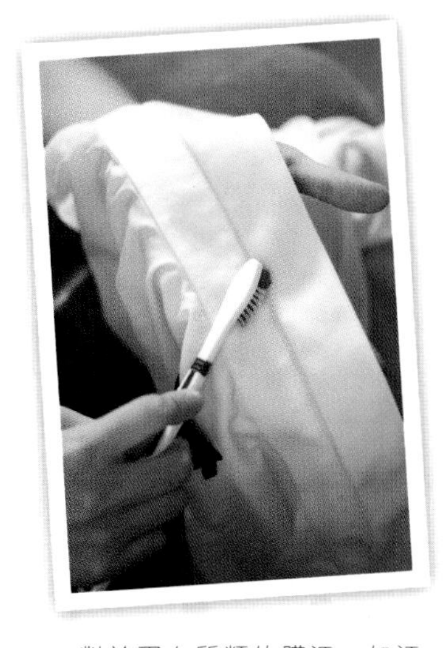

▲ 對於蛋白質類的髒汙，如汗漬，能徹底洗淨。

• **油脂**	椰子油210g、橄欖油20g、芥花油20g（總油重250g）
• **氫氧化鉀**	63g
• **溶解氫氧化鉀水量**	190g
• **融化皂糊水量**	水250g
• **精油**	茶樹精油10g（約250滴）

抗菌程度	保存期限	稀釋後完成量
★★★★★	3～6個月	500ml

1．**加熱油脂**——將所有油脂量好，倒入不鏽鋼鍋中，直接加熱至80度。

2．**製作鹼液**——將氫氧化鉀置於塑膠量杯中，將水慢慢倒入，充分攪拌至完全溶解，鹼液即完成。請注意：過程中會產生高溫和煙霧，請小心操作！

3．**測量溫度**——分別測量氫氧化鉀和油脂的溫度，二者皆在70～80℃時，即可混合。

4．**均勻攪拌**——將氫氧化鉀慢慢倒入與油脂混合，持續均勻的攪拌約30～40分鐘。

5．**麥芽糖狀**——當黏稠度接近麥芽糖，已經攪不太動的狀態時，即可停止攪拌。

6．**保溫皂糊**——放入保麗龍箱保溫24小時，或是用家裡的舊毛毯，來減緩降溫的速度，讓皂糊可以完全皂化。

7．**熟成**——將皂糊蓋住，置於乾燥通風處兩週後，使皂糊充分皂化，即可稀釋。

8．**稀釋**——將皂糊置於乾燥通風處兩週後，用水來稀釋皂糊，等皂糊完全溶化後，滴入精油攪拌均勻，就可以裝瓶使用了。

小妙方
idea

粉狀衣物柔軟精

●抗菌程度 ★★★★　●保存期限 8～12個月

為了要讓衣物變的柔軟芳香，許多家庭和小孩都愛用衣物柔軟精，但市售衣物柔軟精成份大都含有陽離子界面活性劑，而且有些會在無形中釋出一些有毒氣體，如甲苯、苯乙烯（保麗龍的原料）等，很容易導致呼吸道感染，而不停的鼻塞打噴嚏，人工香精更是造成室內空氣污染的一大主因，因此你可以製作天然的衣物柔軟精，不僅氣味芬芳，衣服觸感也能變的柔細，而且成份天然環保，不會造成人體的負擔。

材　料 檸檬酸（顆粒狀）100g、醒目薰衣草精油5g（約125滴）

製作步驟 將醒目薰衣草精油滴入檸檬酸中，攪拌均勻以後即可使用。

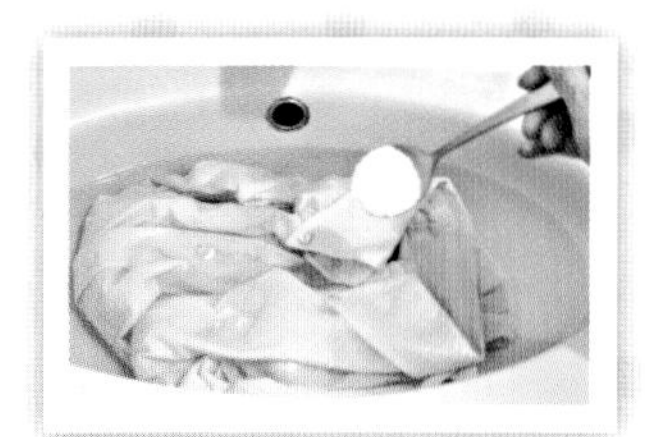

◀ 跟市售柔軟精使用方式一樣，在洗衣時最後一次洗清時加入即可。

液狀衣物柔軟精

●抗菌程度 ★★★★　●保存期限 15～18個月

材　料 檸檬酸10g、水50g、藥用酒精40g、沉香醇百里香精油5g（約125滴）

製作步驟
1. 先將沉香醇百里香精油滴入藥用酒精中，混合均勻。
2. 加入水稀釋後，再加入檸檬酸攪拌至完全溶化即可裝瓶使用。

使用方式 跟市售柔軟精使用方式一樣，在洗衣時最後一次洗清時加入即可。

◀ 檸檬酸屬白色結晶體，除了能清除金屬設備的水漬污垢（請參見P.103），還有柔軟的功能，所以可用檸檬酸來取代市售柔軟精，不但省錢，還兼顧環保和健康，檸檬酸在化工行可買到。500g／72元

WASHING THE RICE WATER
& LAVENDER

17 呵護寶貝衣物清潔皂

柔軟衣物・溫和洗淨

對於手洗的寶貝貼身衣物，我們加入了可可脂和蓖麻油，有柔軟衣物的作用，洗後能維持衣物彈性不變形，產生的泡泡清爽綿密，能溫和的洗淨。巧妙的運用洗米水，能提昇清潔度，又不會破壞衣服的材質，能保有原色澤，還可滋潤保護雙手。醒目薰衣草精油有抗菌防蟎的功效，帶給貼身衣物最大的呵護。

▲ 用天然洗衣精幫孩子洗衣物，最安心！

- **油脂**　椰子油200g、可可脂10g、蓖麻油40g（總油重250g）
- **氫氧化鉀**　62g
- **溶解氫氧化鉀水量**　185g
- **融化皂糊水量**　洗米水250g
- **精油**　醒目薰衣草精油6g（約150滴）

抗菌程度	保存期限	稀釋後完成量
★★★★	3～6個月	500ml

1. **加熱油脂**——將所有油脂量好，倒入不鏽鋼鍋中，直接加熱至80度。
2. **製作鹼液**——將氫氧化鉀置於塑膠量杯中，將水慢慢倒入，充分攪拌至完全溶解，鹼液即完成。 請注意：過程中會產生高溫和煙霧，請小心操作！
3. **測量溫度**——分別測量氫氧化鉀和油脂的溫度，二者皆在70～80℃時，即可混合。

4. **均勻攪拌**——將氫氧化鉀慢慢倒入與油脂混合，持續均勻的攪拌約30～40分鐘。
5. **麥芽糖狀**——當黏稠度接近麥芽糖，已經攪不太動的狀態時，即可停止攪拌。

6. **保溫皂糊**——放入保麗龍箱保溫24小時，或是用家裡的舊毛毯，來減緩降溫的速度，讓皂糊可以完全皂化。

7. **熟成**——將皂糊蓋住，置於乾燥通風處兩週後，使皂糊充分皂化，即可稀釋。
8. **稀釋**——將皂糊置於乾燥通風處兩週後，用洗米水來稀釋皂糊，等皂糊完全溶化後，滴入精油攪拌均勻，就可以裝瓶使用了。

小妙方

idea

檸檬酸如何清除水漬污垢？

檸檬酸具有分離作用，是一種安全無刺激性的清潔酸，可保養飲水機、熱水瓶、保溫瓶等家電用品，而像水龍頭等金屬設備的常會有灰灰的水漬污垢，或是浴廁的水垢殘留，也能夠很方便的清除，它沒有腐蝕性，使用時不戴手套也不會傷害肌膚，是清潔上的小幫手。

作　法

1. 將檸檬酸用溫水溶化稀釋，水：檸檬酸的比例為3：1，倒在噴霧瓶中均勻混合。
2. 將稀釋後的檸檬酸噴在水龍頭上的污漬，並靜置15～20分鐘。
3. 用抹布或是海棉擦洗乾淨。
4. 比較不好清洗的縫隙的地方，可以用牙刷來加強清洗。

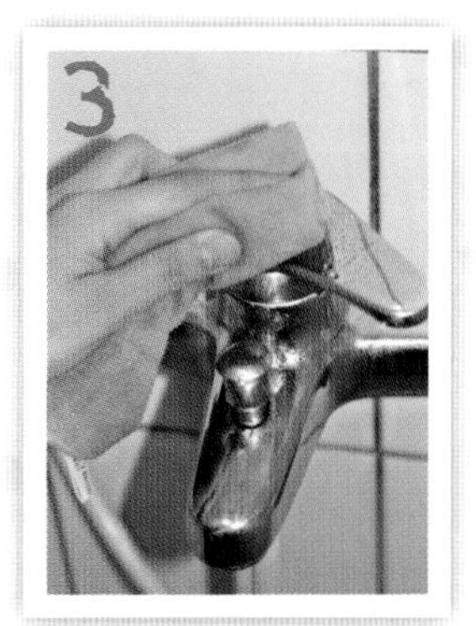

● 清洗之後，原本灰灰的水漬污垢都不見囉，而且水龍頭變的很潔淨明亮。

BLUEGUM &
BAKING SODA

18 鞋子去污抗菌除漬皂

清潔除臭・天然環保

茶樹精油和藍膠尤加利精油皆以深層清潔和強力抗菌聞名，能洗淨鞋子的髒汙，去除異味，針對鞋子長久累積的髒垢、泥巴、油汙等，我們加入了小蘇打粉，來加強清潔力，純天然的成份，不會污染環境，也不傷肌膚，可以安心使用。加入小蘇打粉後會有沉澱反應為正常現象，輕輕搖勻後即可再使用。

▲ 小蘇打粉能加強去除鞋子的髒漬。

- 油脂　椰子油240g、大豆油10g（總油重250g）
- 氫氧化鉀　73g
- 溶解氫氧化鉀水量　220g
- 融化皂糊水量　水250g
- 添加物　小蘇打粉20g
- 精油　茶樹精油6g（約150滴）
  藍膠尤加利精油6g（約150滴）

抗菌程度	保存期限	稀釋後完成量
★★★★★	3～6個月	500ml

1．**加熱油脂**——將所有油脂量好，倒入不鏽鋼鍋中，直接加熱至80度。

2．**製作鹼液**——將氫氧化鉀置於塑膠量杯中，將水慢慢倒入，充分攪拌至完全溶解，鹼液即完成。請注意：過程中會產生高溫和煙霧，請小心操作！

3．**測量溫度**——分別測量氫氧化鉀和油脂的溫度，二者皆在70～80℃時，即可混合。

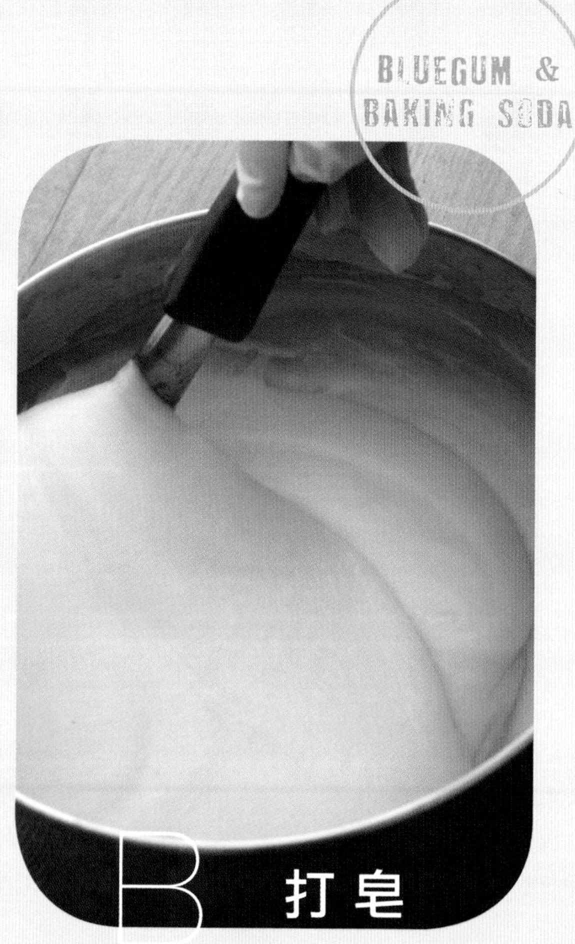

4．**均勻攪拌**——將氫氧化鉀慢慢倒入與油脂混合，持續均勻的攪拌約30～40分鐘。

5．**麥芽糖狀**——當黏稠度接近麥芽糖，已經攪不太動的狀態時，即可停止攪拌。

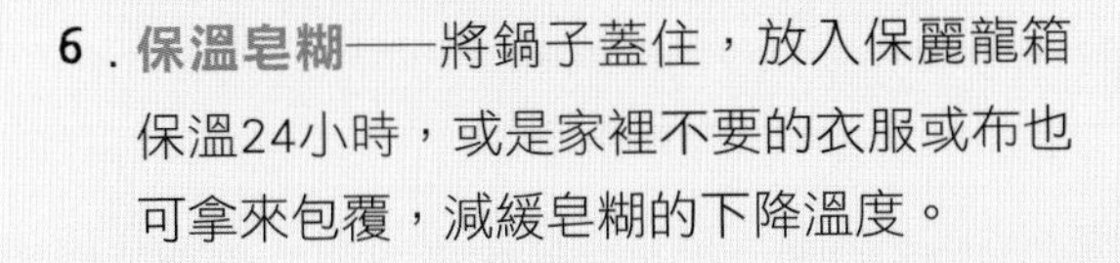

6. **保溫皂糊**——將鍋子蓋住，放入保麗龍箱保溫24小時，或是家裡不要的衣服或布也可拿來包覆，減緩皂糊的下降溫度。

7. **熟成**——將皂糊蓋住，置於乾燥通風處兩週後，使皂糊充分皂化，即可稀釋。

8. **稀釋**——將皂糊置於乾燥通風處兩週後，用水來稀釋皂糊，等皂糊完全溶化後，加入精油和小蘇打粉攪拌均勻，就可以裝瓶使用了。

小妙方

idea

鞋子除臭噴霧劑

鞋子穿久了，會因濕氣灰塵累積而產生異味，你可以自製鞋子除臭噴霧劑，法國薰衣草精油有天然抗菌的功效，而茶葉和酒精可以除臭，避免細菌在鞋子孳生，而引起香港腳等皮膚疾病。

材　料

水125ml、茶葉30g、法國薰衣草精油10ml（約200滴）、藥用酒精375ml、噴霧瓶1個

作　法

1. 先將茶葉30g放入125ml熱水中，浸泡10分鐘。
2. 將茶葉濾除，將茶葉水放涼待用。
3. 將法國薰衣草精油加入藥用酒精中混勻。
4. 再加入茶葉水攪拌均勻，即可裝瓶使用。

更為安心便利的**液態手工皂**

—— 使用者的真心見證 ——

從接觸手工皂開始，就被糖亞老師的執著深深吸引，因而有幸在萬華社區大學成為糖亞老師的學生，並學習了許多關於手工皂的知識，除了學習廣為熟知的固態手工皂，甚至也深入學習了液態手工皂！

或許對很多人來說，同樣是手工皂，固態液態能有什麼差別？但對一個家庭主婦來說，現今講求環保、力求健康，當然就會希望在居家各方面盡量使用天然的清潔用品，而一塊固態的手工皂雖然好用，但是，**液態手工皂在生活的運用上其實更為安心便利**，希望大家也能從這本書中，學習到簡單的液態手工皂DIY，並運用在居家中哦！

Judy

因為我是敏感性肌膚，容易因出汗和不乾淨而紅癢難耐，抓破皮膚是家常便飯，根本沒有什麼方法能持續解決我的問題。幾年前開始接觸到糖亞的手工皂，這麼多年來，一直覺得很好用很值得，使用起來非常天然。

後來一次偶然的機會知道糖亞有液體皂，才發現原來手工做的皂不是只有一塊一塊的啊！更沒想到的是，**使用後竟然有著和固體手工皂一樣的感受，甚至於還多了使用上的方便性。**

現在除了在家裡使用之外，我也在辦公室和同事們分享糖亞的液體皂，大家的反應都很好，不少人因此和我一樣，成為液體皂的長期愛用者。就是因為這樣我才能再次跟大家分享，這麼好用的液體手工皂。

SAM

以前我總是為了濕疹困擾著，因為搔癢問題，皮膚總是有著無法癒合的傷口，偶然聽見有人說手工香皂有幫助，便試著想自己做做看，因為這樣我認識了糖亞！

第一次見到她是在她的店裡，我想買一些材料自己動手做，結果糖亞一看到我的傷口，馬上二話不說拿出一塊皂來，她說等你做好能用都要二個月後了，先拿去用吧！

在使用一個禮拜後，傷口奇蹟似的開始復原！現在**更因為液體手工皂，讓我能更確實的避免接觸化學清潔劑**，而濕疹…好久沒出現了呢！

LULU

PART 4

環境清潔抗菌 配方

打造純淨無毒的居家空間

市面上的清潔用品強調去污萬能，可是你用的安心嗎？
本單元針對廚房、浴廁、地板、居家環境設計了清潔配方，
幫你淨化居家環境，抵抗病菌的入侵！

SOAPBERRY
& MIAOULI

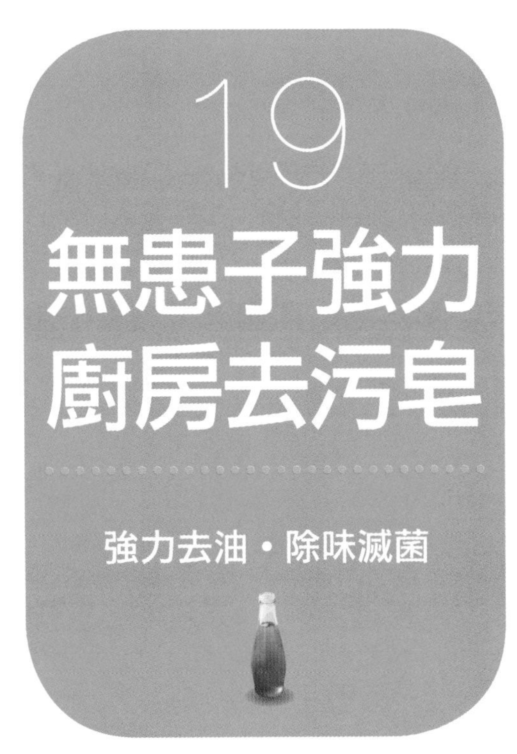

19 無患子強力廚房去污皂

強力去油・除味滅菌

綠花千白層精油溫和不刺激，用來清潔廚房的瓦斯爐、流理台、排油煙機或食用器皿等，抗菌效果非常安全，特別加了無患子來增加清潔力，它擁有很強的去污除脂功能，可分解廚房長年累積的頑強油垢，去除黏膩感。市售的廚房清潔劑大都含界面活性劑來破壞油污表面，不但不環保且對人體有害，而無患子有天然皂素，能產生細白的泡沫，還能吸附油膩的異味，是最無毒天然的環保清潔劑。

▲ 無患子能強力去除瓦斯爐上的油垢。

making

- **油脂**　椰子油450g、芥花油40g、橄欖油10g（總油重500g）
- **氫氧化鉀**　129g
- **溶解氫氧化鉀水量**　385g
- **融化皂糊水量**　無患子水500g
- **材料**　水500g、無患子粉100g
- **精油**　綠花白千層精油2g（約50滴）
  茶樹精油5g（約125滴）

infor

抗菌程度	保存期限	稀釋後完成量
★★★★★	3～6個月	1000ml

1．**無患子水**——將無患子粉加入500g的滾水熬煮20分鐘後，將無患子粉濾除，並將無患子溶液靜置放涼待用。

2．**加熱油脂**——將所有油脂量好，倒入不鏽鋼鍋中，直接加熱至80度。

3．**製作鹼液**——將氫氧化鉀（129g）置於塑膠量杯中，將水（385g）慢慢倒入，充分攪拌至完全溶解，鹼液即完成。請注意：過程中會產生高溫和煙霧，請小心操作！

4．**測量溫度**——分別測量氫氧化鉀和油脂的溫度，二者皆在70～80℃時，即可混合。

5．**均勻攪拌**——將氫氧化鉀慢慢倒入與油脂混合，持續均勻的攪拌約30～40分鐘。

6．**麥芽糖狀**——當已經攪不太動，黏稠度接近麥芽糖狀時，即可停止攪拌。

SOAPBERRY & NIAOULI

7. **保溫皂糊**——將鍋子蓋住，放入保麗龍箱保溫24小時，或是用家裡的舊毛毯，來減緩降溫的速度，讓皂糊可以完全皂化。

8. **熟成**——將皂糊蓋住，置於乾燥通風處兩週後，使皂糊充分皂化，即可稀釋。

9. **稀釋**——用500g無患子水來稀釋皂糊，等皂糊完全溶解後，再滴入精油攪拌均勻，就可以裝瓶使用囉。

小妙方 idea

清潔抗菌噴液

利用「家居廣用清潔液體皂」（作法請見DVD）加上藥用酒精和水混合均勻後，就變成清潔抗菌噴液，可以用在傢俱、地板、桌椅、浴廁等，不用再用清水洗過，兼具殺菌和清潔的功效。

材料 藥用酒精100g、水50g、家居廣用清潔液體皂10g（已稀釋好的）

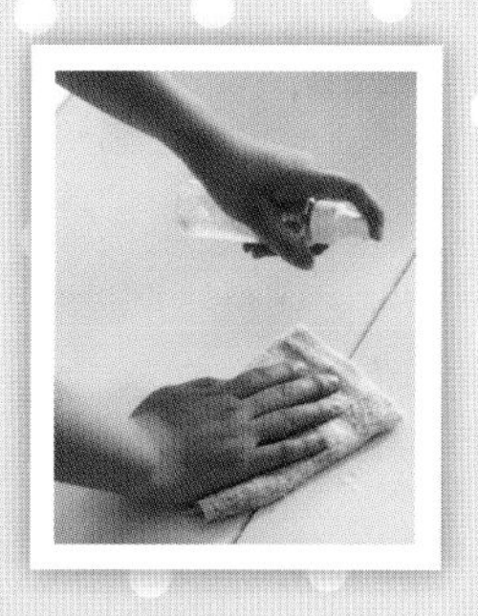

COFFEE

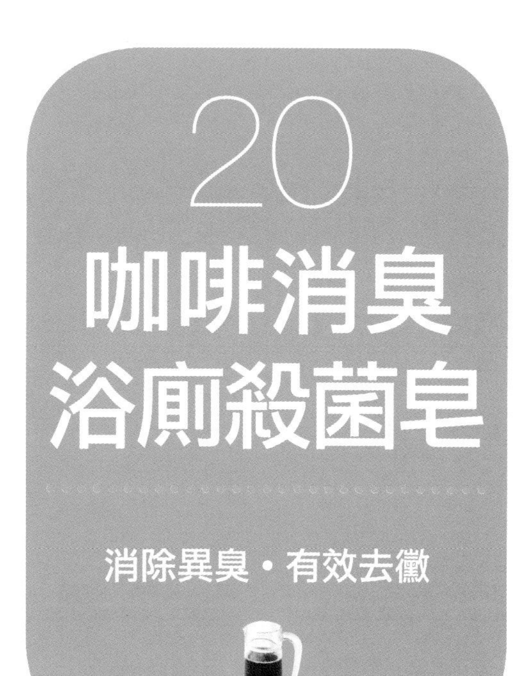

20 咖啡消臭浴廁殺菌皂

消除異臭・有效去黴

浴廁馬桶偶爾會散發出刺鼻騷味，我們特別加了濃縮黑咖啡來入皂，咖啡有清潔除臭的功效，清洗後可以解決馬桶異味濃厚的困擾，骯髒污漬也能輕鬆洗淨。用來清洗浴廁的牆壁、地板或洗手台，不但去黴效果佳，還有抗菌的作用。咖啡粉不要使用三合一的即溶咖啡，裡面添加了糖和奶精，會失去原本咖啡除臭清潔的功效。

▲ 咖啡消臭力強，最適合刷馬桶。

making

- **油脂**　椰子油490g.、可可脂10g（總油重500g）
- **氫氧化鉀**　132g
- **溶解氫氧化鉀水量**　395g
- **融化皂糊水量**　水400g、黑咖啡100g
- **材料**　水100g、研磨咖啡豆粉30g

infor

抗菌程度	保存期限	稀釋後完成量
★★★★	3～6個月	1000ml

1．**濃縮咖啡**——將100g水煮滾後，加入咖啡豆粉熬煮20分鐘後，將咖啡粉用濾紙濾除，將濃縮咖啡靜置放涼待用。

2．**加熱油脂**——將所有油脂量好，倒入不鏽鋼鍋中，直接加熱至80度。

3．**製作鹼液**——將氫氧化鉀（132g）置於塑膠量杯中，將水（395g）慢慢倒入，充分攪拌至完全溶解，鹼液即完成。請注意：過程中會產生高溫和煙霧，請小心操作！

4．**測量溫度**——分別測量氫氧化鉀和油脂的溫度，二者皆在70～80℃時，即可混合。

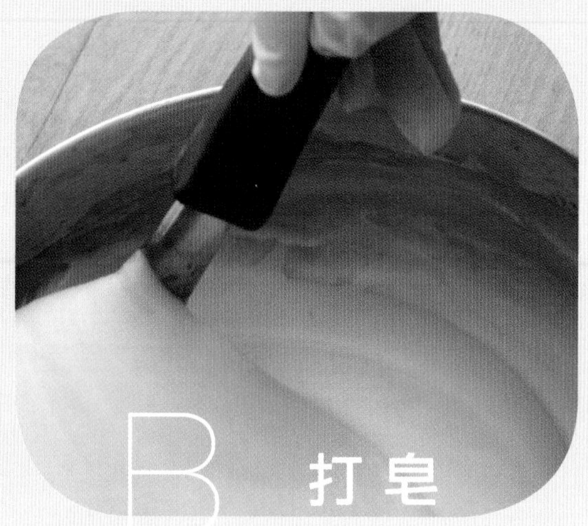

5．**均勻攪拌**——將氫氧化鉀慢慢倒入與油脂混合，持續均勻的攪拌約30～40分鐘。

6．**麥芽糖狀**——當已經攪不太動，黏稠度接近麥芽糖狀時，即可停止攪拌。

7．**保溫皂糊**——將鍋子蓋住，放入保麗龍箱保溫24小時，或是用家裡的舊毛毯，來減緩降溫的速度，讓皂糊可以完全皂化。

D 完成

8．**熟成**——將皂糊蓋住，置於乾燥通風處兩週後，使皂糊充分皂化，即可稀釋。

9．**稀釋**——用水和咖啡來稀釋皂糊，等皂糊完全溶解後，就可以裝瓶使用囉。

▲ 用咖啡渣來代替咖啡豆粉也可以，但要增量，濃度才會增加，改為60g的咖啡渣倒入100g的滾水煮20分鐘即可。

小妙方 idea

咖啡渣妙用

咖啡渣還有很多用途，記得有剩下的咖啡渣，不要丟掉喔。

保養去角質

蜂蜜有滋養保濕的功效，將蜂蜜加到咖啡渣裡攪拌均勻，拿來去角質按摩皮膚，有緊緻和光滑皮膚的效用。

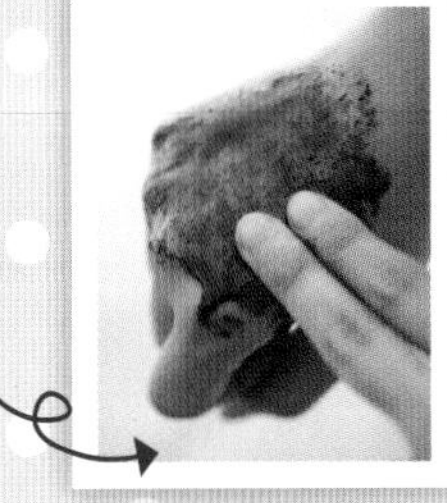

居家除臭

將咖啡渣放在小碟子，置於居家環境或是浴廁或是冰箱，就有去除異味的功能。

驅蟲及肥料

將咖啡渣直接倒入盆栽的土上，可以驅蟲還能達到施肥的功效。

鞋櫃除濕

把乾燥的咖啡渣放在小袋子裡，置於鞋櫃中，或放在鞋子中，有除濕的功能，還能充當芳香劑消除異味。要先將咖啡渣曬乾，不然很快就會發霉喔！

ROSEWOOD &
PINUS SYLVESTRIS

花梨木精油和松精油可以抗菌、抗病毒，除了能清潔一般地板外，對於木質的地板，還能驅蟲、防蟑、防蟻。一般大理石地板的建議用量為半桶水（約5000ml），加入30ml的液體皂（約按30次壓頭）來稀釋；木質地板約6ml的液體皂（按6次壓頭），如果濃度太高，會過度傷害木質地板。因具有清潔功能，會產生些許泡泡，拖完後要再用清水洗淨，以免地板黏腳。

21 花梨木地板抗菌洗潔精

乾淨無塵・防蟑除菌

▲ 用天然清潔液擦地板，就不怕赤腳踏在地板上了。

making

- **油脂**　椰子油460g、蓖麻油30g、可可脂10g（總油重500g）
- **氫氧化鉀**　130g
- **溶解氫氧化鉀水量**　390g
- **融化皂糊水量**　水500g
- **精油**　花梨木精油5g（約125滴）松精油5g（約125滴）

infor

抗菌程度	保存期限	稀釋後完成量
★★★★★	3～6個月	1000ml

ROSEWOOD & PINUS SYLVESTRIS

1. **加熱油脂**——將所有油脂量好，倒入不鏽鋼鍋中，直接加熱至80度。
2. **製作鹼液**——將氫氧化鉀置於塑膠量杯中，將水慢慢倒入，充分攪拌至完全溶解，鹼液即完成。請注意：過程中會產生高溫和煙霧，請小心操作！
3. **測量溫度**——分別測量氫氧化鉀和油脂的溫度，二者皆在70～80℃時，即可混合。

4. **均勻攪拌**——將氫氧化鉀慢慢倒入與油脂混合，持續均勻的攪拌約30～40分鐘。
5. **麥芽糖狀**——當黏稠度接近麥芽糖，已經攪不太動的狀態時，即可停止攪拌。

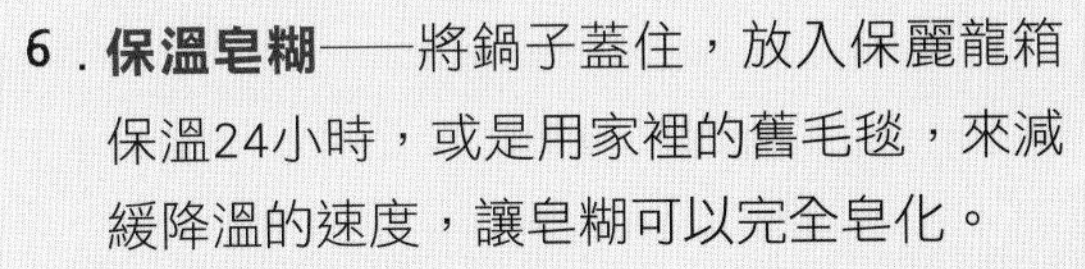

6. **保溫皂糊**——將鍋子蓋住，放入保麗龍箱保溫24小時，或是用家裡的舊毛毯，來減緩降溫的速度，讓皂糊可以完全皂化。

7. **熟成**——將皂糊蓋住，置於乾燥通風處兩週後，使皂糊充分皂化，即可稀釋。

8. **稀釋**——將皂糊置於乾燥通風處兩週後，等皂糊完全溶化後，再滴入精油攪拌均勻，就可以裝瓶使用了。

小妙方
idea

地毯塵蟎噴霧劑

地毯的表面易吸納灰塵，而灰塵中塵蟎的含量非常驚人，容易引起過敏，除了平時用吸塵器清潔之外，可**自製地毯塵蟎噴霧劑**，**來杜絕塵蟎細菌的生長**，藍膠尤加利精油很有強的殺菌和清潔效果，**如果地毯有些污漬，也可以噴在地毯上，輕輕刷洗，然後自然風乾即可**。

材　料

藍膠尤加利精油10ml（約200滴）、藥用酒精300ml、噴霧瓶１個

作　法

將300ml藥用酒精加入10ml的藍膠尤加利精油混合均勻，就可以裝瓶使用了。

▲ 藍膠尤加利精油可殺菌杜絕塵蟎孳生。

LAVENDER &
LEMONGRASS

室內擺設綠色植物可讓人心情愉快，但是當植物有小蟲圍繞時，卻令人頭痛。這款皂運用了可以除蟲抗蚊的香茅，倒在盆栽底盤可以防止蚊蟲入侵，而醒目薰衣草精油有殺蟲劑的的功能，可以趕走蚊蟲，還可消毒防咬傷，淨化居家的空氣。也可稀釋後直接澆花或噴在葉片上，建議以200ml的水加1ml的液體皂（約按1次壓頭），不用擔心會傷害植物。

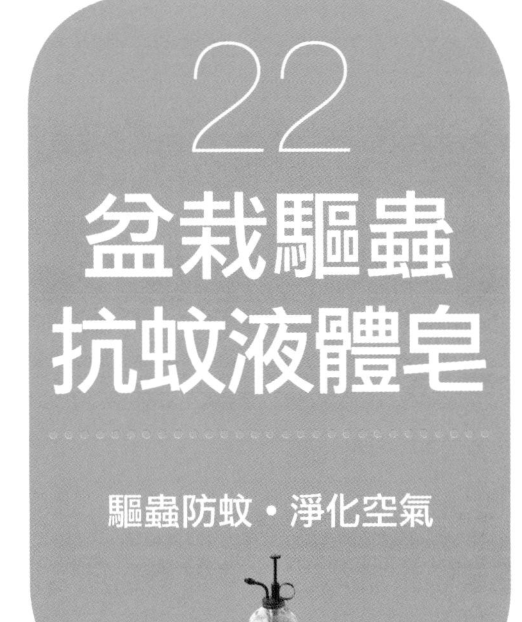

22 盆栽驅蟲抗蚊液體皂

驅蟲防蚊・淨化空氣

▲ 稀釋後噴在盆栽上，可以防蚊驅蟲。

making

- **油脂**　椰子油160g、蓖麻油20g、葵花油20g（總油重200g）
- **氫氧化鉀**　50g
- **溶解氫氧化鉀水量**　150g
- **融化皂糊水量**　香茅水200g
- **香茅水**　水200g、新鮮香茅 50g
- **精油**　醒目薰衣草精油5g（約125滴）

infor

抗菌程度	保存期限	稀釋後完成量
★★★★★	3～6個月	400ml

1. **香茅水**——將200g水煮滾後，加入新鮮香茅熬煮20分鐘後，將香茅葉濾除，將香茅水靜置放涼待用。
2. **加熱油脂**——將所有油脂量好，倒入不鏽鋼鍋中，直接加熱至80度。
3. **製作鹼液**——將氫氧化鉀（50g）置於塑膠量杯中，將水（150g）慢慢倒入，充分攪拌至完全溶解，鹼液即完成。注意：過程中會產生高溫和煙霧，請小心操作！
4. **測量溫度**——分別測量氫氧化鉀和油脂的溫度，二者皆在70～80℃時，即可混合。

5. **均勻攪拌**——將氫氧化鉀慢慢倒入與油脂混合，持續均勻的攪拌約30～40分鐘。
6. **麥芽糖狀**——當已經攪不太動，黏稠度接近麥芽糖狀時，即可停止攪拌。

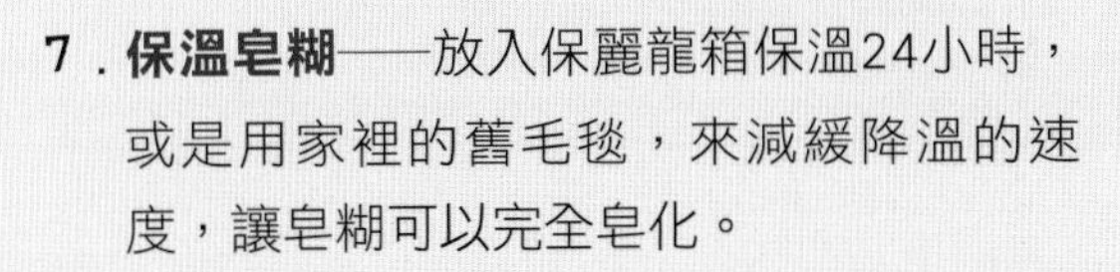

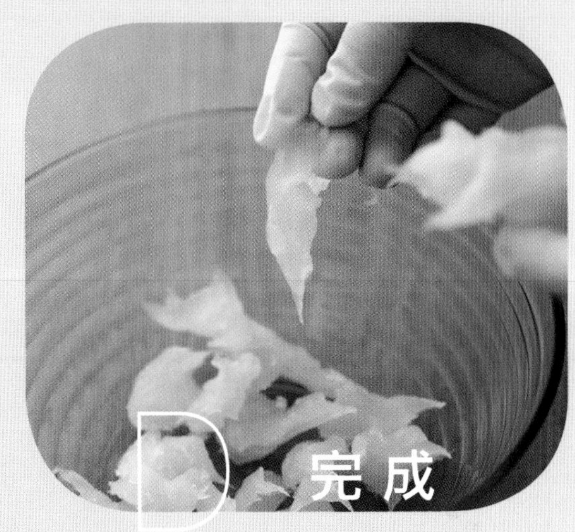

7．**保溫皂糊**——放入保麗龍箱保溫24小時，或是用家裡的舊毛毯，來減緩降溫的速度，讓皂糊可以完全皂化。

8．**熟成**——將皂糊蓋住，置於乾燥通風處兩週後，使皂糊充分皂化，即可稀釋。

9．**稀釋**——用香茅水來稀釋皂糊，等皂糊完全溶解後，再滴入精油攪拌均勻，就可以裝瓶使用囉。

小妙方

idea

香茅小檔案

香茅屬於草本植物，具有獨特的清爽香氣，氣味特殊常被用來提煉精油、香水，用來製作化妝品、清潔劑、另外還有香茅枕頭及坐墊等，用途極廣。香茅還可放在洗澡水中，在入浴時浸泡身體，可以消除疲勞、恢復精神，還能幫助身體殺菌，有祛風除濕的作用。

香茅在青草店都可買的到，有分新鮮及乾燥二種，新鮮的香茅除了用來作為料理之外，將香茅放入水中熬煮，就變成香茅水，加入液體皂中有驅蟲防蚊、消腫止痛的功效，可以乾燥的香茅代替，用相同的用量加以熬煮，也能變成入皂的好幫手。

▲ 新鮮香茅可至青草店購買，如用乾燥香茅也可以，用量一樣50g。

液體皂零污染的純淨感受

—— 使用者的真心見證 ——

原本家中只有我一個人使用液體手工皂，因為家裡的人都習慣用市售沐浴乳、洗髮乳，但是因為自己深入接觸液體皂以後，更覺得市面上的清潔劑很可怕，所以很希望能讓家人也能用健康天然的東西，過沒多久，在糖亞的網站找到了液體手工皂的資訊，當下覺得好開心～**有了液體手工皂，我不必再擔心家人的皮膚囉！**

玉婷

做手工皂已經超過五年了，液體皂和固體皂都做過，或許很多人會覺得固體手工皂很容易做，但我卻認為液體手工皂比較簡單，液體手工皂在製作上雖然比較費力，但失敗率卻很低，只要照著糖亞老師的小叮嚀，**自己動手做液體手工皂真的很簡單**。
現在我都習慣一次做一大鍋，所以家裡無論是洗碗精或是洗衣精，甚至是拖地，都是用我自己做的手工液體皂呢！

JILL

雖然一直聽到朋友說手工皂很好用，但是因為已經用沐浴乳很多年，實在很難改變習慣，後來發現糖亞有液體皂，才開始改用，這幾年使用下來，**皮膚明顯變光滑了，也不再像以前那麼乾燥緊繃**，感謝糖亞的液體手工皂，讓我的皮膚變得好健康！

巧玲

我爸爸是異位性皮膚炎的患者，每到冬天，皮膚就乾癢腫裂，叫他擦乳液，總是不聽話，狀況一嚴重，就往皮膚科跑，看著他擦著含類固醇的軟膏，總是很擔心，
因為手工皂多是固體的，而爸爸長年使用沐浴乳習慣了，當然不願意嘗試！
後來因緣際會認識了糖亞，才知道有液體手工皂，自從爸爸改用液體手工皂以後，**脫皮乾燥的現象減少，而且也不再搔癢破裂了**，現在我們全家都只用液體皂哦！

珊珊

這幾年手工皂很風行，雖然自己和家人的皮膚都挺健康的，但還是因為好奇而買了手工皂來用，用過糖亞的液體手工皂以後，完全推翻了以往的想法，**原來液體皂可以有這麼多泡泡，也不會黏糊糊的**，洗完以後肌膚完全不會緊繃，真的好棒！
我習慣用液體皂來洗貼身衣物，**即使夏天流汗，也不再因為摩擦悶熱而起小疹子**，真是超好用的！

Mandy

PART 5

寵物專用 配方

給寵物安心溫和的呵護

本單元設計了三款寵物專門使用的沐浴配方，
讓你的愛犬愛貓不再有體臭煩惱，
清除寵物身上的跳蚤、壁蝨，有效改善皮膚的問題！

LAVENDER
&TEA TREE

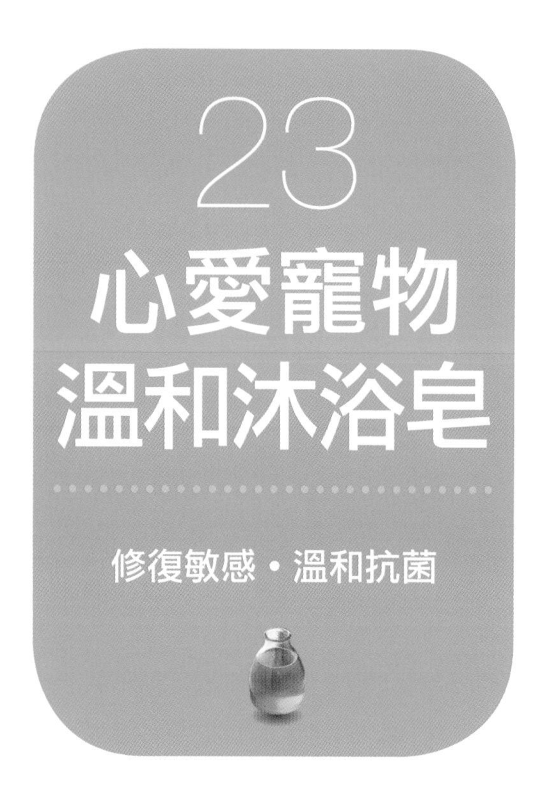

23
心愛寵物溫和沐浴皂
修復敏感・溫和抗菌

貓貓狗狗的皮膚比人類還要敏感，所以不能使用太刺激的沐浴皂，這款皂的配方溫和，不會讓寵物流眼淚，洗起來泡泡很多，能深層洗淨且不傷毛髮。茶樹精油能夠殺菌防臭，可以抑制毛髮的細菌孳生，如果寵物的體質比較敏感，或是有一些皮膚發癢、紅腫的問題，法國薰衣草精油可以幫助修復傷口癒合，保護寵物的肌膚。

▲ 可防止狗狗的毛孳生細菌，非常好用。

• making

- **油脂**　椰子油200g、芥花油40g、橄欖油10g（總油重250g）
- **氫氧化鉀**　62g
- **溶解氫氧化鉀水量**　190g
- **融化皂糊水量**　水250g
- **精油**　法國薰衣草精油2g（約50滴）
茶樹精油2g（約50滴）

• infor

抗菌程度	保存期限	稀釋後完成量
★★★★	3～6個月	500ml

LAVENDER &TEA TREE

1．**加熱油脂**——將所有油脂量好，倒入不鏽鋼鍋中，直接加熱至80度。

2．**製作鹼液**——將氫氧化鉀置於塑膠量杯中，將水慢慢倒入，充分攪拌至完全溶解，鹼液即完成。請注意：過程中會產生高溫和煙霧，請小心操作！

3．**測量溫度**——分別測量氫氧化鉀和油脂的溫度，二者皆在70～80℃時，即可混合。

4．**均勻攪拌**——將氫氧化鉀慢慢倒入與油脂混合，持續均勻的攪拌約30～40分鐘。

5．**麥芽糖狀**——當黏稠度接近麥芽糖，已經攪不太動的狀態時，即可停止攪拌。

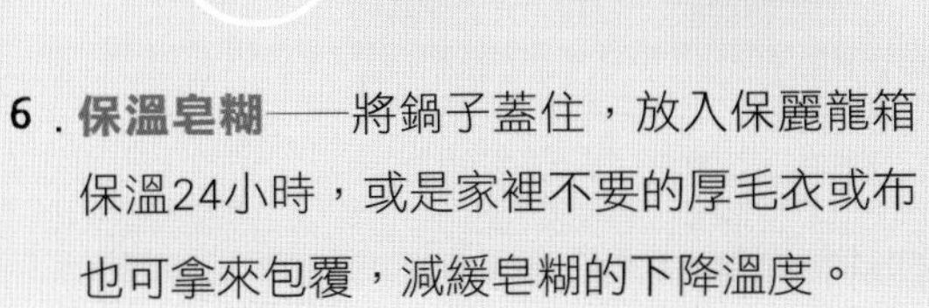

6. **保溫皂糊**——將鍋子蓋住，放入保麗龍箱保溫24小時，或是家裡不要的厚毛衣或布也可拿來包覆，減緩皂糊的下降溫度。

7. **熟成**——將皂糊蓋住，置於乾燥通風處兩週後，使皂糊充分皂化，即可稀釋。

8. **稀釋**——將皂糊置於乾燥通風處兩週後，用水來稀釋皂糊，等皂糊完全溶化後，滴入精油攪拌均勻，就可以裝瓶使用了。

小妙方

idea

如何製作除蚊蟲防蟎噴霧？

法國薰衣草精油搭配藥用酒精就變成方便使用的抗蚊防蟎噴霧，保存期限可以長達一年，因為法國薰衣草精油很溫和，寵物也可以使用喔。

材　法　法國薰衣草精油10ml（約200滴）、藥用酒精300ml

作　法　先將300ml藥用酒精加入10ml的法國薰衣草精油混合均勻，就可以裝瓶使用了。

THYME&
GREEN TEA

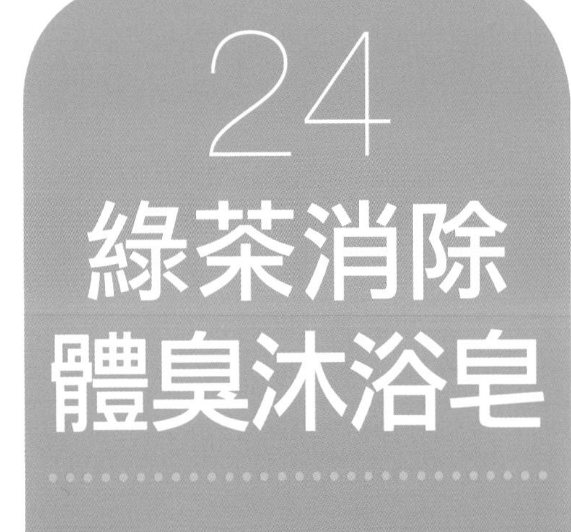

24 綠茶消除體臭沐浴皂

改善體臭・殺菌清爽

寵物會有體臭問題，有可能是因為天氣過於潮濕悶熱，或是油脂分泌旺盛而導致，即使常常洗澡，還是無法解決。我們加入了具有除臭效果的綠茶水，揉出的泡沫豐富柔細，洗完毛髮清爽乾淨，氣味芳香，而沉香醇百里香精油可以徹底的殺菌，平衡油脂分泌，來改善體臭的根本問題。

▲ 沉香醇百里香精油能改善體臭的根本問題。

making

- **油脂**　椰子油200g、可可脂10g、橄欖油30g、椿油10g（總油重250g）
- **氫氧化鉀**　62g
- **溶解氫氧化鉀水量**　190g
- **融化皂糊水量**　綠茶水250g
- **材料**　水250g、綠茶粉20g
- **精油**　沉香醇百里香精油2g（約50滴）

infor

抗菌程度	保存期限	稀釋後完成量
★★★★★	3～6個月	500ml

1. **綠豆水**——將250g水煮沸後，加入綠茶粉煮10分鐘，將殘渣濾除，並將綠茶水靜置放涼待用。
2. **加熱油脂**——將所有油脂量好，倒入不鏽鋼鍋中，直接加熱至80度。
3. **製作鹼液**——將氫氧化鉀（62g）置於塑膠量杯中，將水（190g）慢慢倒入，充分攪拌至完全溶解，鹼液即完成。請注意：過程中會產生高溫和煙霧，請小心操作！
4. **測量溫度**——分別測量氫氧化鉀和油脂的溫度，二者皆在70～80℃時，即可混合。
5. **均勻攪拌**——將氫氧化鉀慢慢倒入與油脂混合，持續均勻的攪拌約30～40分鐘。
6. **麥芽糖狀**——當已經攪不太動，黏稠度接近麥芽糖狀時，即可停止攪拌。

7. **保溫皂糊**——將鍋子蓋住，放入保麗龍箱保溫24小時，或是用家裡的舊毛毯，來減緩降溫的速度，讓皂糊可以完全皂化。

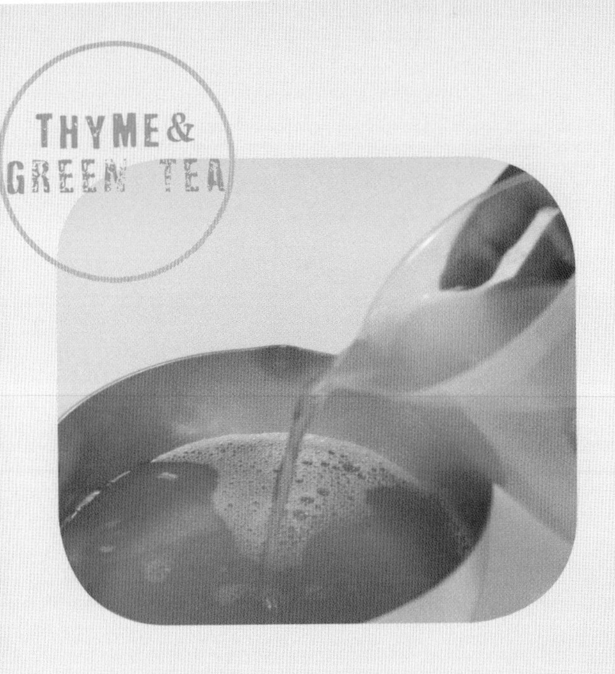

D 完成

8. **熟成**——將皂糊蓋住，置於乾燥通風處兩週後，使皂糊充分皂化，即可稀釋。
9. **稀釋**——用250g綠茶水來稀釋皂糊，等皂糊完全溶解後，再滴入精油攪拌均勻，就可以裝瓶使用囉。

小妙方

idea

寵物香香噴霧

●抗菌程度 ★★★★ ●保存期限 8~10個月

幫寵物洗完澡後，總是覺得少了一個味道嗎？你可以自製寵物香香噴霧，不同於化學藥劑調製的市售化學香水，保加利亞玫瑰純露質純溫和，氣味清香不刺激，能給予寵物最舒爽的照顧。

而且不論何時都可以使用，特別是幫寵物洗完澡後，將毛髮吹乾，噴在寵物身上效果會更好，能增添自然的香氣，而且不會有黏膩的感覺，讓寶貝寵物充滿活力。

材　料　法國薰衣草精油4ml（約80滴）、保加利亞玫瑰純露200ml、95%藥用酒精10ml、噴霧瓶一個

作　法　1. 將10ml藥用酒精與法國薰衣草精油4ml混合均勻。
2. 再加入保加利亞玫瑰純露攪拌均勻即可裝瓶使用。

寵物除臭噴霧

●抗菌程度 ★★★★ ●保存期限 8~10個月

寶貝的寵物因為油脂分泌、皮膚問題、或是排泄偶爾會散發不雅的異味，這個時候你可以自製寵物除臭噴霧，沉香百里香精油能消除臭味，如果寵物有一些皮膚的毛病，如乾癬等問題，也可以有效改善。

隨身攜帶一瓶寵物除臭噴霧在身上很方便使用，如果寵物的衣服、睡墊、玩具上有異味，也可以直接噴灑，就能夠消除臭味，還可以抑制細菌的滋生。

材　料　沉香醇百里香精油3ml（約60滴）、薰衣草純露200ml、95%藥用酒精10ml、噴霧瓶一個

作　法　1. 將10ml藥用酒精與沈香醇百里香精油3ml混合均勻。
2. 再加入薰衣草純露攪拌均勻即可裝瓶使用。

CYPRESS & LEMON

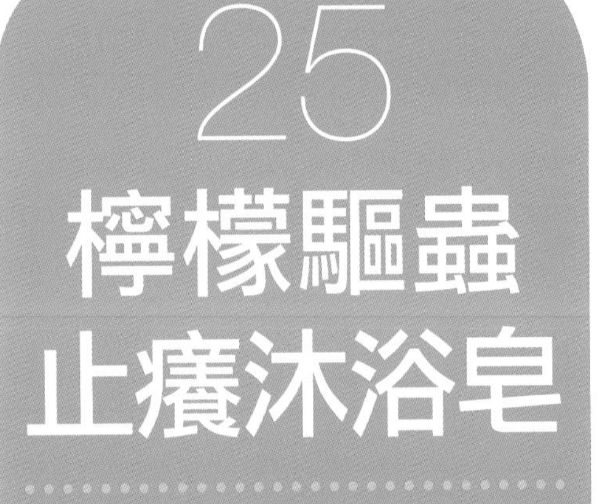

25 檸檬驅蟲止癢沐浴皂

除蟲止癢・增強抵抗力

帶家中的貓狗外出散步活動時，跳蚤、塵蟎、壁虱等小蟲就藉機跳附在寵物身上，如果不清除，寵物可能不斷搔癢造成皮膚紅腫、潰爛，因此加入了絲柏精油，抗菌殺蟲的效果很好，還能安定神經，修復傷口，而檸檬精油可幫寵物潔淨油膩的髮膚，柔軟毛髮，增加寵物的抵抗力，減少病蟲傳染的機會。

▲ 此款液體皂可以讓寵物的毛變軟喔！

making

- **油脂**　椰子油200g、芥花油20g、葵花油20g、甜杏仁油10g（總油重250g）
- **氫氧化鉀**　62g
- **溶解氫氧化鉀水量**　190g
- **融化皂糊水量**　水200g、羅馬洋甘菊純露50g
- **精油**　絲柏精油2g（約50滴）
檸檬精油2g（約50滴）

infor

抗菌程度	保存期限	稀釋後完成量
★★★★	3～6個月	500ml

1．**加熱油脂**——將所有油脂量好，倒入不鏽鋼鍋中，直接加熱至80度。

2．**製作鹼液**——將氫氧化鉀（62g）置於塑膠量杯中，將水（190g）慢慢倒入，充分攪拌至完全溶解，鹼液即完成。請注意：過程中會產生高溫和煙霧，請小心操作！

3．**測量溫度**——分別測量氫氧化鉀和油脂的溫度，二者皆在70～80℃時，即可混合。

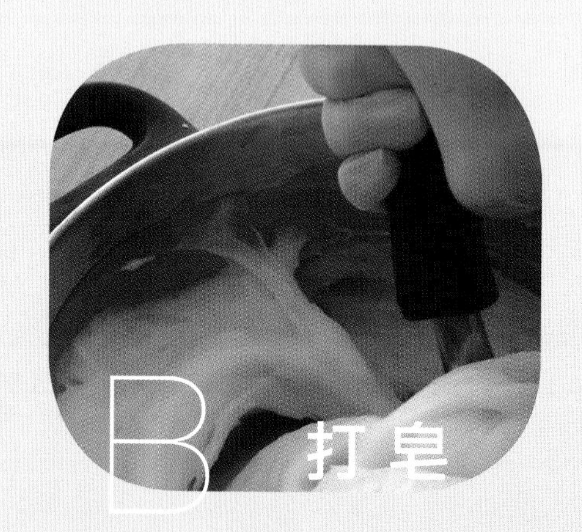

4．**均勻攪拌**——將氫氧化鉀慢慢倒入與油脂混合，持續均勻的攪拌約30～40分鐘。

5．**麥芽糖狀**——當已經攪不太動，黏稠度接近麥芽糖狀時，即可停止攪拌。

6．**保溫皂糊**——將鍋子蓋住，放入保麗龍箱保溫24小時，或是用家裡的舊毛毯，來減緩降溫的速度，讓皂糊可以完全皂化。

7．**熟成**——將皂糊蓋住，置於乾燥通風處兩週後，使皂糊充分皂化，即可稀釋。

8．**稀釋**——將皂糊置於乾燥通風處兩週後，用洋甘菊純露來稀釋皂糊，等皂糊完全溶化後，滴入精油攪拌均勻，就可以裝瓶使用了。

質感 STEP BY STEP 包裝法

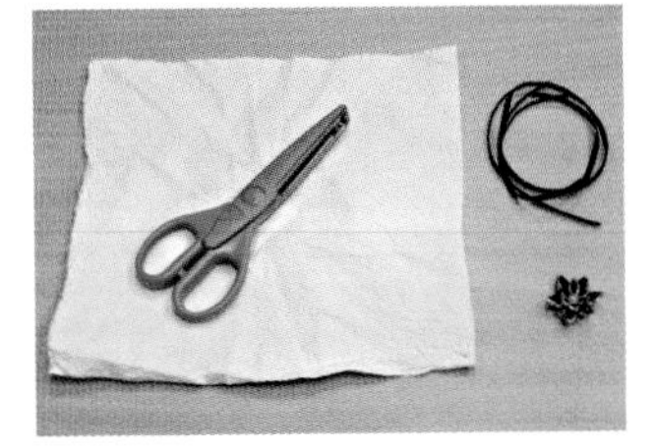

材料：包裝紙、緞帶、裝飾小花一個、鋸齒剪刀

創意巧思包裝法

自己動手DIY・簡單又大方

你也想和朋友一起分享
液體皂的純淨洗感嗎？
只要運用緞帶及包裝紙，
就能把單調的瓶罐加以裝飾，
不只放在家裡美觀大方，
當作禮物送給親朋好友們
也很適合喔。

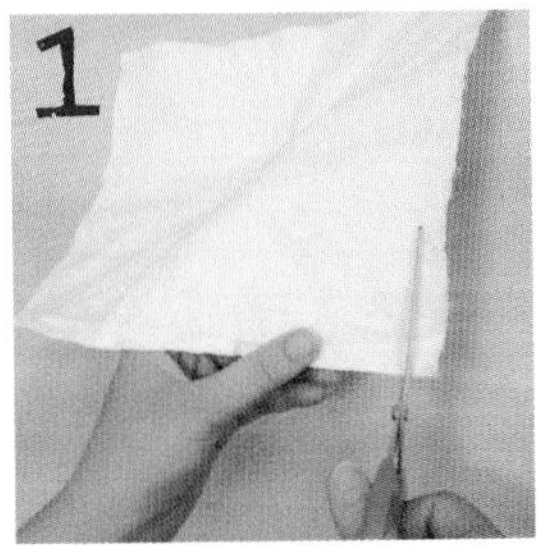

將包裝紙裁剪成正方形，長寬各是瓶子的三倍，可以選擇皺紋紙或彩絲紙，紙質柔軟較好包裝，也不容易破裂。

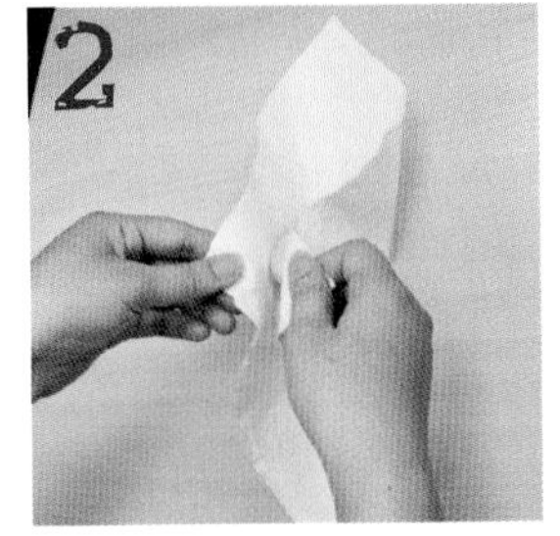

把瓶子放正中央，拉起包裝紙的對角。

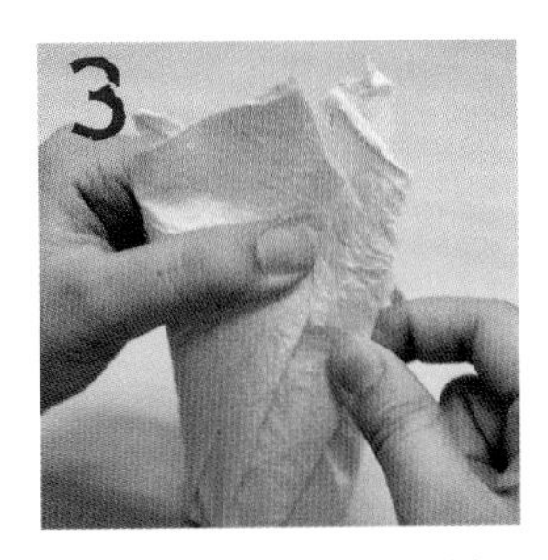

另外兩邊的包裝紙則一折一折往內收，此時要抓緊瓶口及包裝紙，才不會鬆滑掉。

折完後，瓶口的地方用緞帶綁起來。折完後，瓶口的地方用緞帶綁起來。

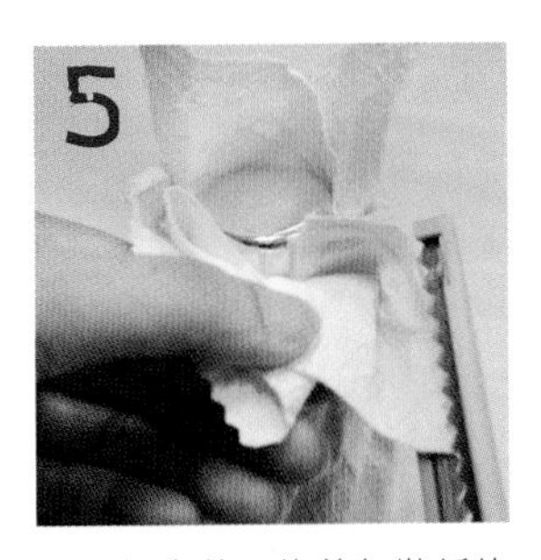

再用鋸齒剪刀修剪包裝紙的邊緣。

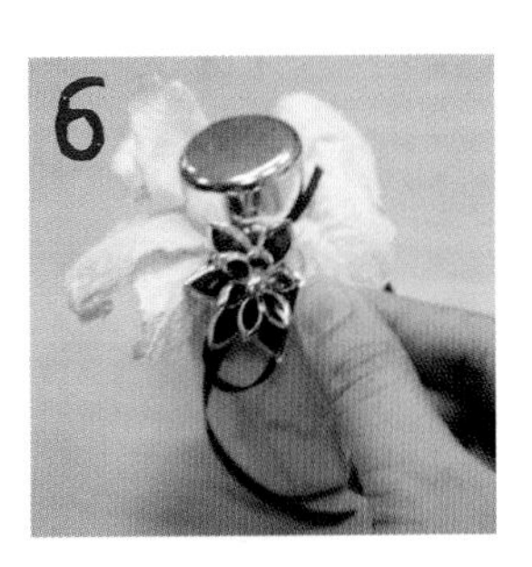

最後用熱溶膠黏上小花作為裝飾即完成，花朵可去飾品店或包裝店購買。

你也可以這樣包裝

▲將英文報紙裁剪出長方形的尺寸，包在瓶子上再以緞帶裝飾，別有一番異國風味。

▲長型的瓶罐，你可以把包裝紙裁剪出長的尺寸，包覆在瓶子上，再以鈕扣和緞帶裝飾，也很有造型喔。

◀用彩絲紙來包裝，可以呈現出比較環保自然風的感覺，但彩絲紙比較容易破裂，包裝的時候要小心。

手工禮品包裝設計師
Adeline

台灣廣廈國際出版集團
Taiwan Mansion International Group

國家圖書館出版品預行編目資料

在家做100%超抗菌清潔液體皂【暢銷修訂版】：從潔顏煥膚、衣物去漬到居家殺菌，25款純天然、無毒、環保萬用皂/糖亞Tonya著.-- 初版.
-- 新北市：蘋果屋, 2019.06
面； 公分. --
ISBN 978-986-97343-5-6（平裝）
1. 手作 2. 手工皂/蠟燭

466.4 108007799

在家做100%超抗菌清潔液體皂【暢銷修訂版】

從潔顏煥膚、衣物去漬到居家殺菌，25款純天然、無毒、環保萬用皂

作　　者／糖亞Tonya
攝　　影／廖家威
編輯中心編輯長／張秀環・**編輯**／金佩瑾
封面設計／曾詩涵
製版・印刷・裝訂／皇甫彩藝印刷有限公司

行企研發中心總監／陳冠蒨
媒體公關組／徐毓庭
整合行銷組／陳宜鈴
綜合業務組／何欣穎

發 行 人／江媛珍
法 律 顧 問／第一國際法律事務所 余淑杏律師・北辰著作權事務所 蕭雄淋律師
出　　版／台灣廣廈有聲圖書有限公司
地址：新北市235中和區中山路二段359巷7號2樓
電話：（886）2-2225-5777・傳真：（886）2-2225-8052

代理印務・全球總經銷／知遠文化事業有限公司
地址：新北市222深坑區北深路三段155巷25號5樓
電話：（886）2-2664-8800・傳真：（886）2-2664-8801
網址：www.booknews.com.tw（博訊書網）
郵 政 劃 撥／劃撥帳號：18836722
劃撥戶名：知遠文化事業有限公司（※單次購書金額未達500元，請另付60元郵資。）

■出版日期：2019年06月
ISBN：978-986-97343-5-6

我的第一本
蜜蠟花香氛燭

好看、好聞、好好做！用天然蠟材做出
23款芳香蠟燭、蠟磚、擴香座

★席捲全球的蠟燭風潮！
韓國網路書店yes24，網友5顆星大推的手作新趨勢

★專業講師的超詳細大圖解說！
帶你從零開始Step By Step，打造專屬香氛世界

作者：崔允鏡
出版社：蘋果屋
ISBN：9789869648509

今天起，植物住我家

專為懶人＆園藝新手設計！頂尖景觀設計師教你用觀葉、多肉、水生植物佈置居家全圖解

植物，是最好的家飾品！只要將綠色植物請進門，家中的氣氛立刻煥然一新！

120種植物×7大室內空間×3大佈置要點，讓植物與生活完美結合，打造充滿綠意的夢想家居！以現有空間為主體，植物為裝飾材料，即使空間狹小、室內陰暗，也能找到適合你的植物，一步一步打造出專屬你的療癒角落！

作者：權志娟　出版社：台灣廣廈　ISBN：9789861304205